WASSER • ABWASSER • UMWELT

43

Schriftenreihe des Fachgebietes Siedlungswasserwirtschaft

Universität Kassel

Auswertung von Betriebsergebnissen und Erfahrungen zur weitestgehenden Phosphorelimination

Gefördert durch das Hessische Landesamt für Naturschutz, Umwelt und Geologie

kassel university press

Kassel 2021

WASSER • ABWASSER • UMWELT

Schriftenreihe des Fachgebietes Siedlungswasserwirtschaft
der Universität Kassel

Herausgeber: Jörg Felmeden, Rotenburg an der Fulda
Tobias Morck, Kassel

Vertrieb: kassel university press (kup)
Diagonale 10, 34127 Kassel
https://kup.uni-kassel.de

Band 43: **Auswertung von Betriebsergebnissen und Erfahrungen zur weitestgehenden Phosphorelimination**

Evaluierung ausgewählter kommunaler Kläranlagen in Mittelhessen vor dem Hintergrund des Hessischen Maßnahmenprogrammes zu Phosphor
- Studie -

von
Valerie Liese, Wernfried Schier,
Sarah Emmert, Jörg Felmeden

Kassel 2021

ISBN 978-3-7376-0957-9
DOI: https://doi.org/doi:10.17170/kobra-202105203942

https://kup.uni-kassel.de | kup@uni-kassel.de

Druck: CPI Druckdienstleitungen GmbH, Ferdinand-Jühlke-Straße 7, 99095 Erfurt

Bibliografische Information Der Deutschen Bibliothek
Die Deutsche Bibliothek verzeichnet diese Publikation in der Deutschen Nationalbibliografie; detaillierte bibliografische Daten sind im Internet über http://dnb.dnb.de abrufbar

Vorwort

Der vorliegende Band 43 der Schriftenreihe WASSER • ABWASSER • UMWELT gibt die Ergebnisse eines durch das Hessische Ministerium für Umwelt, Klimaschutz, Landwirtschaft und Verbraucherschutz geförderten Vorhabens wieder, in dessen Rahmen die Umsetzung der Maßnahmen des hessischen Phosphor-Programmes für Kläranlagen gemäß dem Maßnahmenprogramm (MP) 2015 bis 2021 untersucht wurde.

Auf Grundlage der europäischen Wasserrahmenrichtlinie (2000/60/EG) (WRRL) sind die Mitgliedstaaten zur Aufstellung eines Maßnahmenprogrammes verpflichtet. Das Land Hessen verfolgt mit dem Maßnahmenprogramm das Ziel, die Wasserkörper in einen „guten ökologischen Zustand" zu bringen. Eine der Ursachen für das Verfehlen dieses guten ökologischen Zustandes ist der Eutrophierungszustand der meisten hessischen Oberflächengewässer. Trotz moderner und leistungsfähiger Kläranlagen stammten in Hessen Anfang der 2000er-Jahre immer noch 65 % der Phosphor-Belastungen aus den gereinigten Abwässern der kommunalen Kläranlagen. Dies entspricht ca. 700 t P_{ges}. Der Anteil aus der Landwirtschaft (Erosion) betrug hingegen nur 15 %.

Bei der Gegenüberstellung der aktuellen mittleren PO_4-P-Konzentrationen gegenüber dem Zeitraum vor Umsetzung der Maßnahmen zeigt sich in Hessen eine deutliche Verbesserung. Dennoch wird der Orientierungswert von 0,7 mg PO_4-P/l nicht flächendeckend erreicht. Einzelne Gewässer überschreiten den Orientierungswert sogar um mehr als 200 %, so dass immissionsseitig weiterer Handlungsbedarf besteht. Im Rahmen der Bestandsaufnahme und Erfolgskontrolle des Maßnahmenprogrammes 2015 bis 2021 werden in dieser Studie Betriebsergebnisse und Erfahrungen zur Phosphorelimination auf mittelhessischen Kläranlagen systematisch ausgewertet und evaluiert.

Der hiermit vorgelegte Band kann auch im Internet unter
https://www.uni-kassel.de/fb14bau/institute/institut-fuer-wasser-abfall-umwelt-i-wau/siedlungswasserwirtschaft/publikationen/schriftenreihe
eingesehen werden.

Allen Mitarbeiterinnen und Mitarbeitern, die an dem Vorhaben mitgewirkt haben, dessen Ergebnisse hier veröffentlicht werden, sei an dieser Stelle herzlich für ihr Engagement gedankt. Dies gilt ebenso für die Teilnahme und Kooperation der Betreiber der untersuchten Kläranlagen in Mittelhessen, insbesondere für die Mitarbeiterinnen und Mitarbeiter der ausgewählten Kläranlagen.

Dem Regierungspräsidium Gießen und dem Hessischen Landesamt für Naturschutz, Umwelt und Geologie danken wir für den fachlichen Austausch und die Beauftragung dieser Studie. Dem Hessischen Ministerium für Umwelt, Klimaschutz, Landwirtschaft und Verbraucherschutz gebührt der Dank für die Finanzierung dieses Vorhabens.

Kassel, den 12. Mai 2021

Dr.-Ing. Jörg Felmeden   Univ.-Prof. Dr.-Ing. Tobias Morck

Inhaltsverzeichnis

Verzeichnis der Abbildungen

Verzeichnis der Tabellen

Verzeichnis von Abkürzungen und Parametern

Abkürzung/ Parameter	Erläuterung
a	alkalisch reagierend
Abb.	Abbildung
AbwV	Abwasserverordnung
AN	Ablauf Nachklärung bzw. Ablauf Kläranlage
b	biologische Reinigung (verwendet in FIS-HAA)
BB	Belebung
Bio-P	erhöhte biologische Phosphoraufnahme
BSB	biochemischer Sauerstoffbedarf
$c_{P,Z}$	durchschnittliche P_{ges}-Konzentration im Zulauf der Anlage
CSB	chemischer Sauerstoffbedarf
d	Denitrifikation (verwendet in FIS-HAA)
EKVO	Eigenkontrollverordnung
EW	Einwohnerwerte
FB	Faulbehälter
FM_d	mittlerer täglicher Fällmittelverbrauch
GK	Größenklasse
HLNUG	Hessisches Landesamt für Umwelt, Naturschutz und Geologie
HMUKLV	Hessisches Ministerium für Umwelt, Klimaschutz, Landwirtschaft und Verbraucherschutz
K	kontinuierlich
K_P	Kennzahl für den auf die Tagesfracht [kgP/d] im Zulauf der Kläranlage bezogenen Fällmittelverbrauch pro Tag
m	mechanische Reinigung (verwendet in FIS-HAA)
M	monatlich
MAP	Magnesium-Ammonium-Phosphat
Me	Metall
MNQ	mittlerer Niedrigwasserabfluss
MP	Maßnahmenprogramm
MSR-Strategie	Mess-, Steuer- und Regelungsstrategie
n	Gesamtzahl der Messungen, Nitrifikation (verwendet in FIS-HAA)
N_{ges}	gesamter, anorganischer Stickstoff

Abkürzung/ Parameter	Erläuterung
NK	Nachklärung
OGewV	Oberflächengewässerverordnung
PO_4-P	ortho-Phosphat
p	Phosphorelimination (verwendet in FIS-HAA)
PAC	Polyaluminiumchlorid
P_{ges}	Gesamtphosphor
Q_d	Mittelwert der täglichen Abwassermenge
RP	Regierungspräsidium
RS	Rücklaufschlamm
RÜB	Regenüberlaufbecken
RZ	Rezirkulation
s	sauer reagierend
SBR	Sequencing Batch Reactor
StAbwU	Staatliche Abwasseruntersuchung
T	täglich
TR	Trockenrückstand
TS	Trockensubstanz
VK	Vorklärung
W	wöchentlich
WK	Wasserkörper bzw. Oberflächenwasserkörper
WRRL	Europäische Wasserrahmenrichtlinie
WS	Wirksubstanz
Z	Zulauf

1 Einleitung

Hessen hat mit einem Phosphor-Programm für Kläranlagen im Rahmen seines Maßnahmenprogrammes für die Jahre 2015 bis 2021 eine bundesweite Vorreiterrolle zur Reduzierung von Phosphoreinträgen in die Oberflächengewässer übernommen. Alle hessischen Kläranlagen ab einer Ausbaugröße von 1.000 EW müssen nun Schritt für Schritt niedrigere Phosphor-Grenzwerte einhalten. Durch eine Halbierung der Phosphor-Einträge sollen in allen Fließgewässern die Phosphat-P-Konzentrationen auf einen unkritischen Wert von unter 0,07 mg/l PO_4-P reduziert werden.

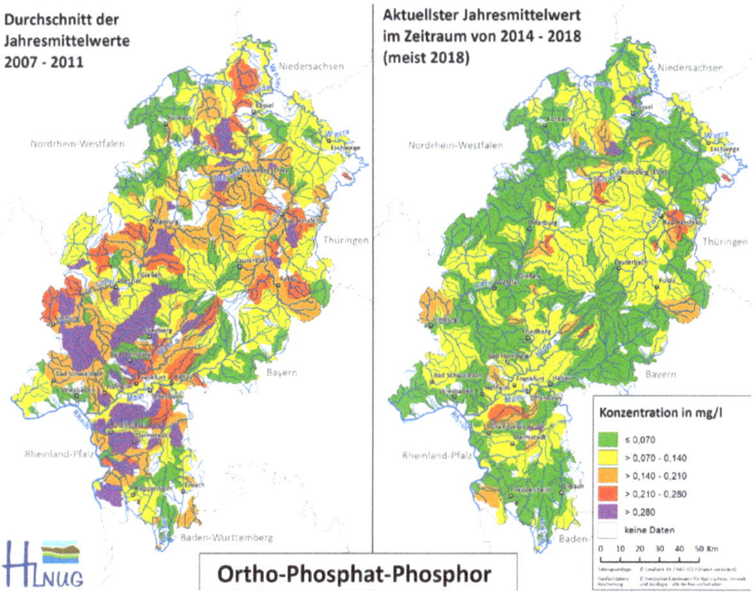

Abbildung 1: Gegenüberstellung der Jahresmittel der PO_4-P-Konzentration im Gewässer des Zeitraums von 2007-2011 mit den Jahresmitteln des Zeitraums von 2014 bis 2018 [HLNUG (2019 c)]

In Mittelhessen wurden bzw. werden ca. 120 Kläranlagen der Größenklassen 2 bis 5 nachgerüstet und verfahrenstechnisch optimiert. Die neuen hessischen Anforderungen für die Kläranlagen der Größenklassen 4 und 5 sind sehr anspruchsvoll, insbesondere die in den wasserrechtlichen Einleitebescheiden geregelten Betriebswerte für PO_4-P von 0,2 mg/l (GK 4) und für P_{ges} von 0,2 mg/l (GK 5) stellen hohe Anforderungen an den Betrieb und die Verfahrenstechnik der Kläranlagen. Die Anforderungen sind in der Regel ab dem 01.01.2019 verbindlich einzuhalten. Die in Hessen betroffenen Kläranlagen sind in Anhang 6 des Maßnahmenprogrammes aufgelistet.

Bei der Gegenüberstellung der aktuellen mittleren PO_4-P-Konzentrationen gegenüber dem Zeitraum vor der Umsetzung der Maßnahmen zeigt sich in Hessen eine deutliche Verbesserung (vgl. Abbildung 1). Die aktuellen PO_4-P-Mittelwerte liegen bei etwa der Hälfte der Landesfläche unterhalb von 0,07 mg/l. Dennoch wird der Orientierungswert nicht flächendeckend erreicht. Einzelne Gewässer überschreiten den Orientierungswert sogar um mehr als 200 %, so dass immissionsseitig weiterer Handlungsbedarf besteht.

Im Rahmen der Bestandsaufnahme und Erfolgskontrolle werden in dieser Studie Betriebsergebnisse und Erfahrungen zur Phosphorelimination auf mittelhessischen Kläranlagen systematisch ausgewertet und evaluiert. Die Daten und Erkenntnisse der betrachteten Kläranlagen werden allgemein zusammengestellt und emissionsseitig ausgewertet. Auf Grundlage einer Sortierung bzw. Typisierung werden einzelne ausgewählte Kläranlagen in vertiefter Weise betrachtet und auf betriebliche Aspekte im Rahmen der Phosphorelimination untersucht. Der Schwerpunkt liegt dabei auf Erkenntnissen und Erfahrungen zur chemischen Phosphatentfernung. Auf Grundlage der Untersuchungen werden der weitere Handlungsbedarf und das Optimierungspotenzial auf mittelhessischen Kläranlagen beurteilt. Relevante Daten zur allgemeinen Analyse mittelhessischer Kläranlagen wurden vom HLNUG zur Verfügung gestellt und stammen aus der Erfassung im Fachinformationssystem Hessische Abwasseranlagen (FIS-HAA).

Die Indizierung der Parameter in dieser Studie orientiert sich an den Vorgaben des ATV-DVWK-Arbeitsblattes-A 198 (2003).

2 Grundlegende Aspekte bei der Phosphorelimination auf Kläranlagen

2.1 Chemisch-Physikalische Phosphatentfernung

2.1.1 Vorgänge bei der chemisch-physikalischen Phosphatentfernung

Bei der chemisch-physikalischen Phosphatentfernung wird gelöstes Phosphat durch ein Fällmittel in eine unlösliche, abtrennbare Form überführt. Die Vorgänge der Elimination lassen sich in vier Teilvorgänge gliedern, die gleichzeitig stattfinden können [DWA-A 202 (2011)].

- Fällmitteldosierung und Einmischen in das zu behandelnde Abwasser;
- Fällung: Die im Abwasser gelösten Phosphat-Ionen (PO_4^{3-}) und andere Anionen reagieren mit den im Fällmittel enthaltenen Kationen (Fe^{3+}, Al^{3+}, Ca^{2+}) zu schwerlöslichen Salzen.
- Flockung: Die unlöslichen Verbindungen koagulieren zunächst zu Mikroflocken. Die Mikroflocken lagern sich im Weiteren zu Makroflocken zusammen.
- Abscheiden der Makroflocken.

2.1.2 Fällmittel

Zur Fällung werden je nach Abwassereigenschaften und erzielbaren Effekten verschiedene Fällmittel verwendet. Auf kommunalen Kläranlagen üblicherweise eingesetzte Fällmittel sind in Tabelle 1 aufgelistet.

Aus Gründen der Wirtschaftlichkeit werden zur Fällung lediglich die Kationen Fe^{2+}, Fe^{3+}, Al^{3+} und Ca^{2+} verwendet [DWA-A 202 (2011)].

Beim Einsatz von Fällmitteln, die unter anderem auf Fe^{2+} basieren, ist zu berücksichtigen, dass nicht direkt das Fe^{2+}-Ion mit dem Phosphat-Ion reagiert. Fe^{2+} muss zunächst zu Fe^{3+} oxidiert werden. Dafür wird Sauerstoff, nämlich 0,15 g O_2 bei der Oxidation von 1 g Fe^{2+}, verbraucht. Für die Auslegung der Belüftung in der Belebung ist dieser Sauerstoffverbrauch jedoch vernachlässigbar gering. Bei der Dosierung ist darauf zu achten, dass in sauerstoffhaltige Bereiche dosiert wird, beispielsweise in den belüfteten Sandfang oder im Bereich der Belüftung in der Belebung [DWA-A 202 (2011) und Bever et al. (2002)].

Eisen- und Aluminiumflocken weisen ähnliche Eigenschaften auf. Aufgrund der Abhängigkeit der Löslichkeit des gebildeten Phosphats vom pH-Wert sind Eisen-Flocken üblicherweise schwerer, kompakter und scherfester als Aluminiumflocken. Außerdem weist die Verwendung von eisenhaltigen Fällmitteln den Vorteil auf, dass bei der Fällung entstehende Sulfidverbindungen in einer nachfolgenden Faulung gebunden werden. Nachteilig ist die korrosive Wirkung eisenhaltiger Fällmittel. Aluminiumsalze wiederum weisen eine Hemmwirkung gegenüber Fadenbakterien auf, so dass die Bildung von Blähschlamm verhindert werden kann.

Tabelle 1: Übliche Fällmittel auf kommunalen Kläranlagen [in Anlehnung an Pinnekamp (2007), DWA-A 202 (2011) und Bever et al. (2002)]

Bezeichnung	chemische Formel	typische Lieferform	wirksames Kation	übliche Wirksubstanzgehalte [g/kg]	s	A
Aluminiumchlorid	$AlCl_3$	Lösung	Al^{3+}	58-60	x	
Aluminium-Eisen(III)-Chlorid	$AlCl_3 + FeCl_3$	Lösung	Al^{3+} / Fe^{3+}	19/10	x	
Aluminiumsulfat	$Al_2(SO_4)_3$	Granulat / Lösung	Al^{3+}	40/24	x	
Aluminium-Eisen(III)-Sulfat	$[Al_2(SO_4)_3 + Fe_2(SO_4)_3] \cdot n\ H_2O$	Granulat	Al^{3+} / Fe^{3+}	82/10	x	
Eisen(II)-Chlorid	$FeCl_2$	Lösung	$Fe^{2+} \rightarrow Fe^{3+}$	86-90	x	
Eisen(III)-Chlorid	$FeCl_3$	Lösung	Fe^{3+}	135-138	x	
Eisen(III)-Chlorid-sulfat	$FeClSO_4$	Lösung	Fe^{3+}	123	x	
Eisen(II)-Sulfat	$FeSO_4 \cdot 7\ H_2O$	restfeuchtes Salz	$Fe^{2+} \rightarrow Fe^{3+}$	178-195	x	
Eisen(II)-Sulfat	$FeSO_4 \cdot n\ H_2O$	Granulat	$Fe^{2+} \rightarrow Fe^{3+}$	195	x	
Eisen(III)-Sulfat	$Fe_2(SO_4)_3$	Lösung	Fe^{3+}	118	x	
Calciumhydroxid	$Ca(OH)_2$	Pulver	Ca^{2+}	376		x
Natriumaluminat	$NaAl(OH)_4$	Lösung	Al^{3+}	62-105		x
Polyaluminium-(Hydroxid)-Chlorid	$[Al(OH)_{3-x}\ Cl_x]_n$	Lösung	Al^{3+}	70-90	x	
Polyaluminium-(Hydroxid) Chlorid-Sulfat	$Al_x(OH)_yCl_z(SO_4)_k$	Lösung	Al^{3+}	52-90	x	
Polyaluminium-Eisen(III)-Chlorid	$[Al(OH)_{3-x}Cl_x]_n + FeCl_3$	Lösung	Al^{3+}/ Fe^{3+}	59/6-15	x	

s: sauer reagierend
a: alkalisch reagierend

Im Gegensatz zu Kalkmilch und Natriumaluminat wird die Säurekapazität durch den Einsatz von Chloriden und Sulfaten als Metallsalze vermindert. Bei Verwendung von Kalkmilch verbessert sich außerdem die Entwässerbarkeit des Schlamms. Steigt der pH-Wert an, kann es jedoch zu unerwünschten Kalkausfällungen kommen [DWA-A 202 (2011), Bever et al. (2005) und Böhler und Siegrist (2008)].

Sollen neben der Verringerung der Phosphatfracht weitere Effekte erzielt werden, kommen oft Mischprodukte zum Einsatz. Angestrebte Nebeneffekte sind unter anderem:

- Bekämpfung von Blähschlamm,
- Verminderung von Schwimmschlamm und
- Sulfidbindung im Faulbehälter [DWA-A 202 (2011)]

Zur Verbesserung der Makroflockenbildung können zudem Polymere als Flockungshilfsmittel verwendet werden [DWA-A 202 (2011)].

In Abhängigkeit vom Verbrauch und vom Wirksubstanzgehalt des Fällmittels ist mit dem folgenden zusätzlichen Schlammanfall zu rechnen [DWA-A 202 (2011)]:

- 2,5 g TS/g Fe,
- 4 g TS/g Al,
- 1,35 g TS/g $Ca(OH)_2$.

2.1.3 Chemische Reaktionen

Bei der chemisch-physikalischen Phosphatentfernung reagieren im Abwasser gelöste Phosphat-Ionen mit den Kationen des Fällmittels zu partikulären Verbindungen. Die wesentlichen Reaktionsgleichungen sind im Folgenden dargestellt [DWA-A 202 (2011)]:

- bei Verwendung aluminium- oder eisenhaltiger Fällmittel:
  $Al^{3+} + PO_4^{3-} \rightarrow AlPO_4$ bzw. $Fe^{3+} + PO_4^{3-} \rightarrow FePO_4$
- bei Verwendung von Kalkmilch:
  $5\ Ca^{2+} + 3\ PO_4^{3-} + OH^- \rightarrow Ca(PO_4)_3OH$

Zur Bildung unlöslicher Verbindungen ist bei der Verwendung aluminium- oder eisenhaltiger Fällmittel die Zugabe der Kationen entscheidend. Die Fällung mit Kalkmilch hingegen basiert eher auf der Zugabe von Hydroxid-Ionen und der damit einhergehenden pH-Wert-Erhöhung, da Calcium-Ionen üblicherweise im Abwasser ausreichend vorhanden sind. Die Fällung kann bei ausreichend hartem Abwasser somit auch durch andere Laugen bewirkt werden [DWA-A 202 (2011)].

Lediglich als PO_4-P im Abwasser gelöster Phosphor kann mit den Kationen des Fällmittels reagieren. Organische Phosphorverbindungen sowie Polyphosphate sind nicht fällbar. Allerdings wird ein Teil des nicht fällbaren Phosphors im Zuge der chemisch-physikalischen Phosphatentfernung ebenfalls aus der Wasserphase entfernt. Zum einen werden Suspensa in die Flocken eingeschlossen (Komplexbildung mit organischen Stoffen). Zum anderen entstehen bei der Fällung polare Flächen, so dass Stoffe daran adsorbiert werden (Adsorptionsreaktionen). So werden auch andere organische Stoffe teilweise aus dem Abwasser eliminiert [Böhler und Siegrist (2008) und DWA-A 202 (2011)].

Neben der Komplexbildung und der Adsorption finden die folgenden Konkurrenzreaktionen statt:

- Hydroxidbildung bei Verwendung von Aluminium- und Eisen-Ionen:
  $Al^{3+} + 3\ OH^{-} \rightarrow Al(OH)_3$ bzw. $Fe^{3+} + 3\ OH^{-} \rightarrow Fe(OH)_3$
- Karbonatbildung bei Verwendung von Kalkmilch als Fällmittel:
  $Ca^{2+} + CO_3^{2-} \rightarrow CaCO_3$

Durch die - neben der angestrebten Phosphatfällung - ablaufenden Reaktionen werden der Fällmittelverbrauch und die anfallende Fällschlammmenge erhöht [DWA-A 202 (2011)].

2.1.4 Einflussfaktoren

Die Wirksamkeit der Fällung wird von unterschiedlichen Faktoren beeinflusst. Die wesentlichen Einflussfaktoren werden im Folgenden erläutert:

- pH-Wert:
  Bei der Phosphatfällung werden schwerlösliche Salze gebildet. Eisenphosphat weist bei einem pH-Wert von 5 bis 5,5 die geringste Löslichkeit auf, während der optimale pH-Wert für Aluminiumphosphat in einem pH-Wert-Bereich zwischen 6 und 7 liegt. In diesen Bereichen liegt der größte Teil des jeweiligen Phosphatsalzes in unlöslicher Form vor und ist abtrennbar. Die Fällung im optimalen pH-Bereich erzielt somit die bestmögliche Effizienz und ist deshalb erstrebenswert. Der pH-Wert des kommunalen Abwassers liegt jedoch üblicherweise im neutralen oder leicht basischen Bereich. Eine Absenkung des pH-Wertes wird nicht durchgeführt, da ein niedriger pH-Wert die Flockenbildung sowie mögliche nachgeschaltete biologische Stufen wie Nitrifikation und Denitrifikation beeinträchtigen kann. Die chemisch-physikalische Phosphatentfernung erreicht in einem pH-Bereich zwischen 6,5 und 8,5 die größte Effektivität [DWA-A 202 (2011) und Barjenbruch et al. (2009)].
  Weiterhin ist zu beachten, dass die Zugabe sauer wirkender Fällmittel den pH-Wert senkt. In welchem Maße der pH-Wert in den sauren Bereich verschoben wird, hängt von der Pufferkapazität des Abwassers ab. Bei schwach gepufferten Abwässern besteht die Gefahr, dass der pH-Wert schon bei geringen Zugabemengen an Fällmitteln deutlich absinkt. Pro Kilogramm Eisen verringert sich die Säurekapazität um 54 mol, während bei Verwendung aluminiumhaltiger Fällmittel mit einer Verminderung der Säurekapazität von 111 mol/kg zu rechnen ist. Als gering gepuffert werden Abwässer bezeichnet, die eine Säurekapazität im Ablauf von weniger als 1,5 mmol/l aufweisen. Zur Nitrifikation sollte die Säurekapazität mindestens 1,5 mmol/l betragen [DWA-A 202 (2011) und Baumann und Jedele (2019)].

- Stoffliche Abwasserzusammensetzung
  Neben der Fällungsreaktion finden weitere konkurrierende Reaktionen im Abwasser statt. Unter anderem werden Stoffe an die Fällungsprodukte adsorbiert und Komplexe mit organischen Stoffen gebildet. Stoffe, die sich flocken lassen oder die Komplexe bilden, beeinflussen die Wirksamkeit der Fällung negativ. Es ist hervorzuheben, dass Komplexbildner vor allem in Abwässern aus der Papier-, Metall-, Elektro- und Nahrungsmittelindustrie enthalten sind [Baumann und Jedele (2019)].
- Physikalische Randbedingungen
  Um die Reaktion des Fällmittels mit den Phosphat-Ionen zu begünstigen, ist eine schnelle Einmischung vorteilhaft. In der Praxis ist die Einmischung des Fällmittels mit der Mikroflockenbildung verknüpft. Der Bereich der Einmischung und Mikroflockenbildung sollte so ausgebildet sein, dass eine Aufenthaltszeit von etwa einer Minute und eine Leistungsdichte von 100 W/m³ bis 150 W/m³ erzielt werden. Die optimalen physikalischen Randbedingungen der Einmischung und Mikroflockenbildung unterscheiden sich von denen der Makroflockenbildung. Die Aufenthaltszeit sollte bei etwa 20 bis 30 Minuten liegen. Die Leistungsdichte sollte ausreichend sein, damit Mikroflocken aufeinandertreffen und sich zu Makroflocken zusammenlagern. Jedoch sollte die Leistungsdichte nicht so groß sein, dass gebildete Makroflocken wieder zerstört werden. Im DWA-A 202 wird eine Leistungsdichte von durchschnittlich 5 W/m³ empfohlen. Durch Dosierung von Polymeren als Flockungshilfsmittel wird die Makroflockenbildung positiv beeinflusst [DWA-A 202 (2011)].

2.1.5 Auswirkungen auf das Gewässer

Die meisten Fällmittel sind Sulfate und Chloride. Im Verlauf der Fällungsreaktion werden die Sulfat- und Chlorid-Ionen gegen Phosphat-Ionen und Hydroxid-Ionen ausgetauscht. Der Gehalt an Sulfat- und Chlorid-Ionen im Abwasser wird erhöht. Durch Einleiten des gereinigten Abwassers steigt demnach die Konzentration im Gewässer an [Schneider (2005)]. Außerdem gelangen Eisen- bzw. Aluminium-Ionen ins Gewässer, sofern sie nicht in Form von Phosphaten oder Hydroxiden mit dem Überschussschlamm entfernt wurden [Bever et al. (2002)]. Je nach Anteil des Abwasserabflusses aus der Kläranlage am Abfluss des Gewässers ist abzuwägen, ob es aus ökologischer Sicht sinnvoll ist, höhere Salz- und möglicherweise auch Eisen-Gehalte zu tolerieren, um geringere Phosphor-Gehalte zu erzielen [Böhler und Siegrist (2008)].

In der Oberflächengewässerverordnung (OGewV) sind Grenzwerte für Sulfat, Chlorid und Eisen enthalten. Der jeweilige Grenzwert hängt vom Gewässertyp ab [OGewV (2016)]. Die Bereiche der relevanten Parameter sind in Tabelle 2 aufgelistet. Das Fällmittel ist zudem in Spurengehalten mit Schwermetallen und, je nach Gewinnungsprozess, möglicherweise mit organischen Halogenverbindungen verunreinigt. Der Gehalt variiert je nach Produkt. Der größte Teil der Schwermetalle und Halogenverbindungen wird jedoch als Klärschlamm zurückgehalten und gelangt somit nicht über den Kläranlagenablauf ins Gewässer. Zur Begrenzung der Schwermetallgehalte im Fällmittel liefert das DWA-A 202 Richtwerte. Für die Wahl des Fällmittels ist der Kläranlagenbetreiber verantwortlich [DWA-A 202 (2011)].

Tabelle 2: Grenzwerte für relevante Parameter der Phosphorelimination nach OGewV (2016)

Parameter	sehr guter ökologischer Zustand	guter ökologischer Zustand
Cl^-	50 mg/l*	200 mg/l*
SO_4^{2-}	25 mg/l**	75 - 220 mg/l*
Fe	-	0,7 - 1,8 mg/l*
PO_4-P	0,02 mg/l*	0,07 - 0,20 mg/l*
P_{ges}	0,05 - 0,10 mg/l*	0,10 - 0,30 mg/l*
*	arithmetisches Mittel aus den Jahresmittelwerten von maximal drei aufeinanderfolgenden Kalenderjahren	
**	90-Perzentilwert bezogen auf die Messwerte eines Kalenderjahres	

2.1.6 Dosierstelle

2.1.6.1 Vorbemerkungen

Die geeignete Dosierstelle ist abhängig von der Art der biologischen Reinigung, den baulichen Gegebenheiten und der Dosierstrategie [Baumann und Jedele (2019)]. Um einen unnötig hohen Fällmittelverbrauch zu vermeiden, ist unter anderem die optimale Einmischung des Fällmittels in den Abwasserstrom entscheidend. Grundsätzlich wird das Fällmittel in flüssiger Form dosiert. Sollte das Fällmittel als Feststoff gelagert werden, ist es vor Dosierung durch Zugabe von Wasser zu verflüssigen. Zur Gewährleistung der Einmischung stehen beispielsweise die folgenden verschiedenen Möglichkeiten zur Verfügung [Barjenbruch et al. (2009)]:

- hydraulischer Wechselsprung,
- Rührwerke,
- druckseitige Turbulenz von Pumpen,
- statischer Mischer,
- Rohrflockung,
- belüftete Fließstrecke,
- Querschnittserweiterung,
- Zusammenführen von Teilströmen und
- Schneckenpumpwerk

Die genauen physikalischen Randbedingungen für die Einmischung sind in Abschnitt 2.1.4 erläutert.

Je nach Dosierstelle wird unterschieden in Vorfällung, Simultanfällung, Nachfällung und Flockungsfiltration [DWA-A 202 (2011)]. Die verschiedenen Typen werden im Folgenden erläutert.

2.1.6.2 Vorfällung

Bei der Vorfällung wird das Fällmittel vor der Vorklärung in den Abwasserstrom dosiert. Mögliche Dosierstellen sind der Zulauf des Sandfangs oder der Vorklärung [DWA-A 202 (2011)].

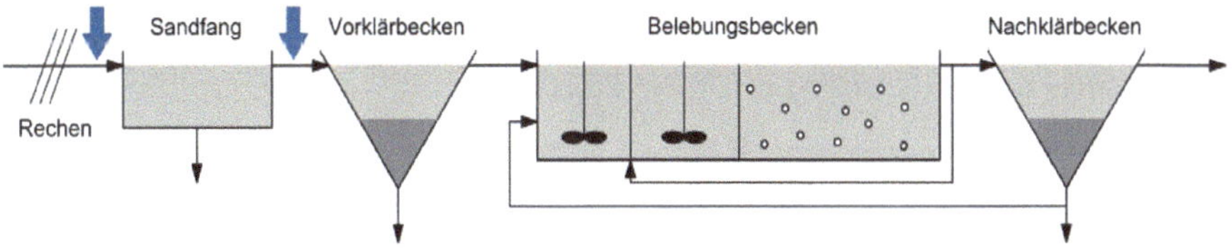

Abbildung 2: Mögliche Dosierstellen der Vorfällung [in Anlehnung an DWA-A 202 (2011)]

Die sich bildenden unlöslichen Salze werden mit dem Primärschlamm in der Vorklärung abgeschieden. Ebenso werden die Produkte der Konkurrenzreaktionen und somit ein Teil der abfiltrierbaren und organischen Stoffe in der Vorklärung aus dem Abwasser entfernt [DWA-A 202 (2011)].

Mit der Vorfällung gehen einige Vor- und Nachteile einher, die im Folgenden erläutert werden.

Durch die erhöhte Entfernung von Feststoffen und organischen Stoffen wird die biologische Stufe entlastet. Dies ist besonders von Vorteil, wenn die Anlage überlastet ist oder jahreszeitliche Schwankungen ausgeglichen werden sollen. Mit den Feststoffen werden zudem auch Schwermetalle entfernt, die auf die Mikroorganismen möglicherweise toxisch wirken. Im Vergleich zu anderen Fällungsverfahren zeichnet sich die Vorfällung durch geringere Investitionskosten aus. Nicht zuletzt geht die Fällmethode mit einer erhöhten Biogasproduktion bei der Faulung des Primärschlamms einher. [Bever et al. (2002), Helmreich et al. (2017) und Barjenbruch et al. (2009)].

Infolge der erhöhten Entfernung organischer Stoffe und Feststoffe werden der Gesamtschlammanfall der Anlage und die benötigte Fällmittelmenge erhöht. Außerdem verschlechtern sich Absetzbarkeit bzw. Schlammindex des Belebtschlamms. Weiterhin geht die Vorfällung mit negativen Auswirkungen für die Denitrifikation einher. Durch die Entfernung organischer Stoffe, steht den denitrifizierenden Bakterien weniger leicht abbaubares Substrat zur Verfügung. Bei weniger gut gepufferten Abwässern besteht weiterhin die Gefahr, dass der pH-Wert durch die Dosierung sauer reagierender Fällmittel zu stark absinkt und die Nitrifikation dadurch gehemmt wird. Wird alkalisch reagierendes Fällmittel wie Kalkmilch zugegeben, ist unter anderem mit Kalkausfällungen in den Rohrleitungen zu rechnen [Bever et al. (2002), Helmreich et al. (2017) und Barjenbruch et al. (2009)].

Um den Bedarf der Mikroorganismen in der biologischen Reinigungsstufe an Phosphat zu decken, ist darauf zu achten, dass die Phosphatkonzentration im Ablauf der Vorklärung in einem Bereich zwischen 1,5 mg/l bis 2,5 mg/l liegt [Bever et al. (2002)].

2.1.6.3 Simultanfällung

Eine weitere Fällmethode ist die Simultanfällung. Hierbei wird das Fällmittel entweder in den Zulauf der Belebung, in die Belebung, in den Ablauf der Belebung oder in den Rücklaufschlammstrom dosiert (Abbildung 3) [DWA-A 202 (2011)].

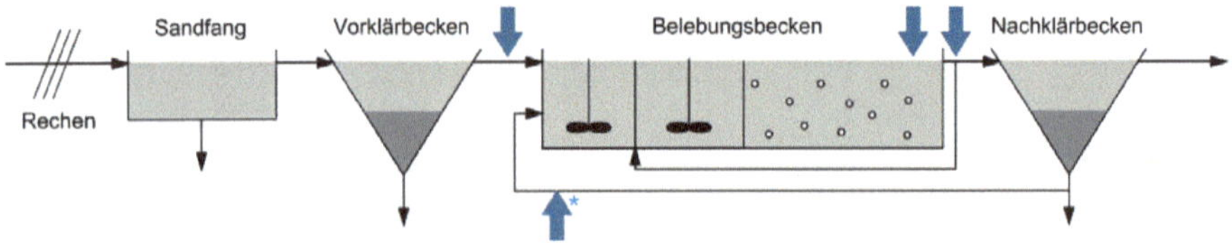

Abbildung 3: Mögliche Dosierstellen der Simultanfällung [in Anlehnung an DWA-A 202 (2011)]

Die Dosierung in den Rücklaufschlamm sollte jedoch nur erfolgen, wenn kein Anaerobbecken zur Phosphat-Rücklösung vorhanden ist [DWA-A 202 (2011)].

Die Methode zeichnet sich ebenso wie die Vorfällung durch einen vergleichsweise geringen Kostenaufwand aus. Gegenüber der Vorfällung weist sie jedoch den Vorteil auf, dass das Fällmittel infolge der Rezirkulation besser ausgenutzt wird. Es wird somit weniger Fällmittel benötigt. Durch Rührwerke und Belüftung in der Belebung wird zudem das Abwasser durchmischt, wodurch die Flockung unterstützt wird. Außerdem bewirken die Metallionen des Fällmittels einen verbesserten Schlammindex.

Bei biologischen Verfahren, bei denen Festbetten, Tropfkörper oder Tauchkörper zum Einsatz kommen, ist die Simultanfällung eher ungeeignet. Durch den höheren anorganischen Anteil im Belebtschlamm und erhöhten Schlammanfall sinkt außerdem das Schlammalter. Möglicherweise wird dann ein größeres Belebungsvolumen benötigt. Es muss zudem darauf geachtet werden, dass Eisen(II)-Ionen eventuell die Nitrifikation hemmen können und die Säurekapazität bzw. der pH-Wert je nach Art des Fällmittels verändert werden [Bever et al. (2002), Helmreich et al. (2017) und Barjenbruch et al. (2009)].

2.1.6.4 Nachfällung

Die Nachfällung besteht aus einer separaten Stufe zur Fällung. Sie ist dem Nachklärbecken nachgeschaltet (Abbildung 4) [DWA-A 202 (2011)].

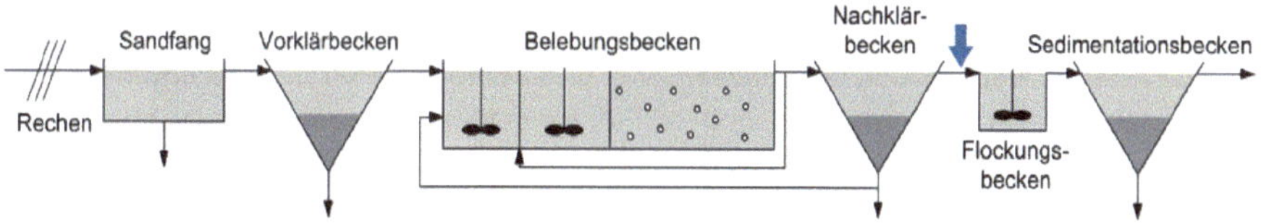

Abbildung 4: Dosierstelle der Nachfällung [in Anlehnung an DWA-A 202 (2011)]

Durch die Trennung von den vorangehenden Stufen kann die Fällung separat gesteuert und kontrolliert werden, so dass die Betriebssicherheit hoch ist. Die Fällmethode hat keinen Einfluss auf die vorangehenden Stufen. Zudem fällt der Schlamm separat an, so dass hohes Potenzial für eine Phosphorrückgewinnung besteht. Dadurch, dass organische Stoffe und Feststoffe nach der Nachklärung weitestgehend entfernt wurden, finden Konkurrenzreaktionen in geringerem Umfang statt. Die Nachfällung zeichnet sich somit durch hohe Wirkung des Fällmittels aus [Bever et al. (2002), Helmreich et al. (2017) und Barjenbruch et al. (2009)].

Allerdings fallen für die Nachfällung in der Regel höhere Investitions- und Betriebskosten an. Unter anderem wird mehr Fällmittel benötigt, so dass die Belastung des Gewässers mit Salzen und Schwermetallen ansteigt [Bever et al. (2002), Helmreich et al. (2017) und Barjenbruch et al. (2009)].

2.1.6.5 Flockungsfiltration

Die Flockungsfiltration besteht ebenfalls aus einer getrennten, nachgeschalteten Stufe. Das Fällmittel wird dem Zulauf einer Filteranlage zugegeben. Die Makroflocken werden durch die Filterwirkung abgeschieden [DWA-A 202 (2011)].

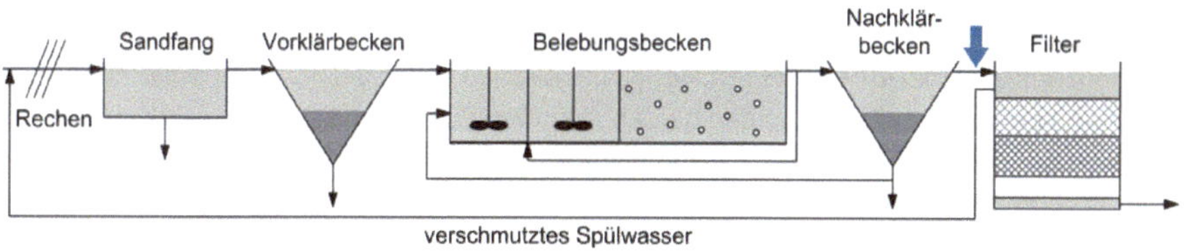

Abbildung 5: Dosierstelle bei der Flockungsfiltration [in Anlehnung an DWA-A 202 (2011)]

Der Vorteil der Filtration besteht vor allem darin, dass stabile und sehr gute Ablaufwerte erreicht werden können, während der Fällmittelverbrauch vergleichsweise gering ist. Genauso wie bei der Nachfällung fällt auch bei der Flockungsfiltration der Fällschlamm getrennt an, so dass das Potenzial zur Phosphorrückgewinnung groß ist [Bever et al. (2002), Helmreich et al. (2017) und Barjenbruch et al. (2009)].

Die Fällmethode weist jedoch hohe Investitions- und Betriebskosten auf. Um unwirtschaftliche Filterstandzeiten zu vermeiden, wird die Flockungsfiltration in der Regel nicht als erste Stufe eingesetzt [Bever et al. (2002), Helmreich et al. (2017) und Barjenbruch et al. (2009)].

2.1.6.6 Mehrpunktfällung

Durch eine Dosierung an mehreren Stellen des Verfahrens wird Fällmittel effektiver genutzt. Generell gilt, dass mit der gleichen Menge an Fällmittel bei der Dosierung an mehreren Stellen bessere Ablaufwerte erzielt werden als bei der 1-Punktfällung [Voigt et al. (2013)].

2.1.7 Steuerung

Zur Steuerung der Dosierung stehen im Allgemeinen die folgenden Möglichkeiten zur Verfügung [DWA-M 206 (2020) und Barjenbruch et al. (2009)]:

- konstante Dosierung,
- zeitabhängig unter Berücksichtigung gemessener Ganglinien,
- Steuerung oder Regelung,
- nach Abfluss,
- nach pH-Wert, mit/ohne Abfluss-Aufschaltung (bei Verwendung von Kalkmilch),
- nach P_{ges}- oder PO_4-P-Konzentration, mit/ohne Abfluss-Aufschaltung (bei aluminium- bzw. eisenhaltigen Fällmitteln).

Bei einer konstanten Dosierung wird die Fällmittelmenge oft so eingestellt, dass bei maximaler Zulaufkonzentration ausreichend gefällt wird. Dies führt zu Überdosierungen und wird demnach im Zuge einer 1-Punkt-Fällung nur auf kleinen Anlagen durchgeführt. Eine große Menge an Fällmittel ist bereits durch unterschiedliche Dosiermengen am Tag und in der Nacht einsparbar.

Eine weitere Reduzierung des Fällmittelverbrauchs liefert die Dosierung nach gemessener Ganglinie. Hier werden im Zuge einer Messkampagne im Ablauf der biologischen Stufe die P_{ges}-Konzentration, im Idealfall die PO_4-P-Konzentration sowie die Abflussmenge in Abhängigkeit von der Zeit ermittelt. Aus den beiden Angaben zu Konzentration und Abflussmenge lässt sich die Phosphatfracht in zeitlicher Anhängigkeit ermitteln. Die Dosierung erfolgt anhand der Ganglinie der Phosphatfracht. Der benötigten Fällmittelmenge wird eine weitere Menge zugeschlagen, mit der Unsicherheiten ausgeglichen werden sollen.

Um mit möglichst wenig Fällmittel PO_4-P weitestgehend aus dem Abwasser zu entfernen, kommen automatisierte Dosierungen zum Einsatz. Hierfür stehen je nach Mess- und Dosierstelle entweder eine Steuerung oder eine Regelung zur Verfügung.

Eine Steuerung nach Abfluss erfolgt, indem die Fällmittelmenge an die Abflussmenge angepasst wird. Voraussetzung für eine optimale Zugabemenge ist eine konstante Phosphatkonzentration. Bei Regenwetter verringert sich die Phosphatkonzentration. Um eine Überdosierung zu vermeiden, sollte ein Maximalwert festgelegt werden.

Der Einsatz von Kalkmilch als Fällmittel basiert auf der Erhöhung des pH-Wertes. Es ist somit sinnvoll, die Zugabe von Kalkmilch in Abhängigkeit vom pH-Wert zu steuern. Je nachdem, in welcher Reihenfolge Dosierung und Messung lokalisiert sind, erfolgt entweder eine Steuerung oder eine Regelung. Bei einer Regelung erfolgt eine Angleichung der beeinflussbaren Größe an die Sollgröße, indem die beeinflusste Größe (Phosphatkonzentration) gemessen wird. Bei einer Steuerung wird der zu beeinflussende Parameter vor der Beeinflussung durch die Störgröße gemessen. Das der Störgröße entgegenwirkende Stellglied wird an die gemessene Konzentration angepasst. Das System der Steuerung weist im Gegensatz zur Regelung keine Rückkopplung auf.

Auch die Verwendung aluminium- oder eisenhaltiger Fällmittel kann gesteuert bzw. geregelt werden. Bei einer Steuerung erfolgt die Fällmittelzugabe in Abhängigkeit von der Zulaufkonzentration. Die Dosierstelle ist dem Ort der Messung nachgeschaltet. Zur Steigerung der Effizienz der Fällung kann zudem der Abfluss berücksichtigt werden, indem dieser zusätzlich gemessen wird. Aus der Konzentration und dem Abfluss ist die Phosphatfracht ermittelbar. Die Fällmitteldosierung erfolgt in Abhängigkeit von der Phosphatfracht.

Eine weitere Möglichkeit liefert die Regelung nach der Gesamtphosphor- oder PO_4-P-Konzentration. Im Idealfall wird die PO_4-P-Konzentration gemessen, da ansonsten der Anteil des PO_4-P am Gesamtphosphor abzuschätzen ist. Bei einer Regelung erfolgt die Messung nach der Dosierung. Es wird der Ist-Wert nach erfolgter Fällung ermittelt, der mit dem Sollwert verglichen wird. Die Fällmittelmenge wird entsprechend der Differenz der beiden Werte angepasst. Eine Abflussaufschaltung ist ebenfalls möglich.

2.2 Erhöhte biologische Phosphorelimination

Bei der erhöhten biologischen Phosphorelimination (Bio-P) wird vermehrt Phosphat in die Biomasse aufgenommen, so dass bei Anlagen mit Bio-P eine Phosphorelimination von 70 % bis 90 % möglich ist [Bever et al. (2002)]. Während der Phosphorgehalt im Überschussschlamm ohne Bio-P etwa 1 % bis 2 %, bezogen auf den Trockensubstanzgehalt, beträgt, weist der Schlamm mit Bio-P einen Gehalt von 2,5 % bis 5 % auf [Bever et al. (2002) und Pinnekamp (2007)]. Laut Barjenbruch und Exner (2009) liegt der Phosphorgehalt mit Bio-P etwa bei 3 %, was 30 g/kg TS entspricht. Es ist ein zusätzlicher Schlammanfall von etwa 3 g TS/g eliminierten Phosphors zu berücksichtigen [DWA-A 202].

Im anaeroben Milieu verstoffwechseln fakultativ anaerobe Mikroorganismen abbaubare, organische Stoffe in kurzkettige, organische Fettsäure. Unter Abwesenheit von gelöstem Sauerstoff und Nitrit bzw. Nitrat können die fakultativen Anaerobier jedoch keinen Energiestoffwechsel betreiben. Im Abwasser sind allerdings auch obligat aerobe polyphosphatakkumulierende Mikroorganismen (PAOs) vorhanden, die das Substrat als Reserve einspeichern können. Es wird ein Substratspeicher angelegt, wofür Energie benötigt wird. Die Energie wird aus dem Abbau von in der Zelle gespeichertem Polyphosphat gewonnen. Infolge des Abbaus von Polyphosphat wird Orthophosphat in das umgebende Milieu freigesetzt. Orthophosphat ist eine synonymhafte Benennung für das in dieser Studie bezeichnete Phosphat bzw. PO_4-P, das an dieser Stelle von Polyphosphat abzugrenzen ist. Im aeroben Milieu steht den PAOs das eingespeicherte Substrat zum Zellwachstum und zur Atmung direkt zur Verfügung. Durch freigesetzte Energie wird der Energiespeicher wieder gefüllt, indem Orthophosphat als Polyphosphat eingespeichert wird [Bever et al. (2002)].

Verfahrenstechnisch kann eine erhöhte biologische Phosphorelimination implementiert werden, indem der restlichen biologischen Behandlung eine Zone mit anaeroben Verhältnissen vorgeschalten wird. Bei intermittierenden Behandlungsverfahren besteht zudem die Möglichkeit, eine Zeitspanne anaerober Verhältnisse in den Zyklus mit einzubinden [Baumann und Jedele (2019)].

Nach DWA-A 131 (2016) wird die anaerobe Zone so ausgelegt, dass bei Trockenwetterzufluss und Rücklaufschlammzufluss eine Kontaktzeit von mindestens 0,75 Stunden vorliegt. Die nötige Aufenthaltszeit des Abwassers in der anaeroben Zone wird in der Regel erreicht, wenn der anaerobe Bereich in etwa 15 % des gesamten Belebungsvolumens entspricht. Bei intermittierenden Verfahren ergibt sich aus den Anforderungen an die anaerobe Zone laut Baumann und Jedele (2019) eine Mindestzeitspanne von etwa 1,5 Stunden bei Trockenwetterzufluss. Die Kontaktzeit kann allerdings, basierend auf Betriebserfahrungen, auf 0,75 bis 1,0 Stunde verkürzt werden. Je nach Vorhandensein günstiger oder ungünstiger Verhältnisse ist die anaerobe Kontaktzeit anzupassen [Baumann und Jedele (2019)].

Alternativ zu den oben genannten Möglichkeiten besteht die Option einer betrieblich bedingten biologischen Phosphorelimination. Sie basiert auf dem Zusammenhang zwischen Temperatur und benötigtem Beckenvolumen für Nitrifikation und Denitrifikation. Mit steigender Temperatur sinkt das erforderliche Beckenvolumen. Das freiwerdende Volumen kann als anaerobe Zone zur Phosphat-Rücklösung genutzt werden [Baumann und Jedele (2019)]. Laut Bever (2002) sind bei Bemessung der Belebung auf 10 °C bei einer Erhöhung der Temperatur auf beispielsweise 14 °C lediglich 70 % des ursprünglich bemessenen Volumens notwendig. Eine betrieblich bedingte biologische Phosphorelimination ist auch dann möglich, wenn die Anlage unterbelastet ist und somit mehr Volumen zur biologischen Abwasserreinigung zur Verfügung steht als notwendig ist. Im überschüssigen Volumen können anaerobe Milieuverhältnisse geschaffen werden [Bever et al. (2002)].

Um eine betrieblich bedingte biologische Phosphorelimination auf der Kläranlage umsetzen zu können, müssen zwei Voraussetzungen gegeben sein: Zunächst muss das Belebungsbecken kaskadenförmig aufgebaut sein, so dass in einzelnen Bereichen unterschiedliche Verhältnisse ausgebildet werden können. Der anaerobe Bereich ist so anzuordnen, dass er den restlichen biologischen Stufen vorgeschaltet ist. Des Weiteren ist die Zuflussstelle der Rezirkulation variabel anzuordnen, so dass der nitrathaltige Strom immer dem ersten Denitrifikationsbereich zufließt [Bever et al. (2002) und Baumann und Jedele (2019)].

Die Effizienz der erhöhten biologischen Phosphorelimination wird durch verschiedene Faktoren beeinflusst. Die maßgeblichen Randbedingungen werden im Folgenden erläutert, wobei in der aeroben Zone die nachfolgenden Einflüsse besonders relevant sind:

- Sauerstoffgehalt in der aeroben Zone
  Um eine Phosphat-Rücklösung in der aeroben Zone zu verhindern und die vermehrte Phosphoraufnahme zu begünstigen, sind ein Sauerstoffgehalt über 1 mg/l und eine ausreichende lange Belüftung vorteilhaft. Es ist zu berücksichtigen, dass die Anwesenheit von Schwefelwasserstoff in der aeroben Zone die Phosphoraufnahme hemmen kann [Baumann und Jedele (2019) und Barjenbruch et al. (2009)].
- Temperatur in der aeroben Zone
  Je geringer die Temperatur, desto kleiner das Maß der Phosphoraufnahme. Allerdings erfolgt bei geringeren Temperaturen über einen längeren Zeitraum eine Adaption der Mikroorganismen, so dass dieselben Aufnahmeraten wie bei höheren Temperaturen möglich sind [Baumann und Jedele (2019)].

Die Phosphat-Rücklösung wird durch nachfolgende Faktoren maßgeblich beeinflusst:

- Nitrat- und Sauerstoffgehalt im Zufluss der anaeroben Zone
  Bei Anwesenheit von Nitrat oder Sauerstoff in der anaeroben Zone findet eine Denitrifikation statt, für die leicht abbaubares Substrat notwendig ist. Gleichzeitig wird keine weitere kurzkettige, organische Fettsäure durch die fakultativen Anaerobier gebildet. Daraus resultiert eine Konkurrenz der denitrifizierenden und polyphosphatakkumulierenden Mikroorganismen um das Substrat. Der Sauerstoffgehalt sollte unter 0,1 mg/l und der Nitratgehalt unter 0,5 mg/l liegen [Barjenbruch und Jedele (2009)].
- Nährstoffverhältnis in der anaeroben Zone
  Generell gilt die Verfügbarkeit an leicht abbaubarem Substrat als limitierender Faktor der Phosphat-Rücklösung, vorausgesetzt, es ist eine ausreichend lange Kontaktzeit in der anaeroben Zone gegeben. Ein hoher Gehalt an leicht abbaubarem Substrat gegenüber dem Phosphorgehalt ist demnach vorteilhaft. Als günstig werden folgende Verhältnisse angesehen: $CSB/P_{ges} \geq 40$ bis 45 [Baumann und Jedele (2019)] und $P_{ges}/BSB_5 < 0{,}03$ [Barjenbruch et al. (2009)].
  Des Weiteren ist auch das Verhältnis von Stickstoff zu leicht abbaubarem Substrat für die Phosphatentfernung relevant. Das Verhältnis von N_{ges}/BSB_5 sollte $\leq 0{,}20$ sein. Ab einem Verhältnis von 0,25 findet möglicherweise keine vollständige Nitrifikation und Denitrifikation statt und es kommt zu erhöhtem Nitratgehalt im Rücklaufschlamm. Die Anwesenheit von Nitrat, und somit gebundenem Sauerstoff, in der anaeroben Zone beeinflusst die Phosphatrücklösung negativ [Bever et al. (2002) und Barjenbruch et al. (2009)].

- Schlammalter
  Je geringer das Schlammalter, desto mehr Überschussschlamm wird produziert und desto mehr Phosphat wird in die Biomasse inkorporiert. Auf Nitrifikation bemessene Anlagen liefern entsprechend günstige Voraussetzungen, während aerobe Stabilisierungsanlagen eher ungünstige Voraussetzungen aufweisen [Bever et al. (2002) und Barjenbruch et al. (2009)].
- pH-Wert in der anaeroben Zone
  In der anaeroben Zone metabolisieren fakultative Anaerobier organische Stoffe zu Säure. Gleichzeitig wird Säure durch PAOs aufgenommen, so dass der pH-Wert konstant gehalten wird. Ein niedriger pH-Wert von 5 führt dabei zu einer Denaturierung der Enzyme, während ein pH-Wert von 7 als optimal gilt [Barjenbruch et al. (2009)].

Generell sind Kurzschlussströmungen im Belebungsbecken zu vermeiden, so dass kein rückgelöstes Phosphat in die Nachklärung ausgeschwemmt wird. Dies kann zum Beispiel durch teilweises Umgehen der biologischen Stufe über einen Bypass bei Regenwetter realisiert werden [Voigt et al. (2013)].

Ebenso ist die Phosphatrückbelastung durch Prozesswässer zu vermindern. Bei anaeroben Verhältnissen während der Schlammbehandlung wird Phosphor rückgelöst und in Schlammwässern der Eindickung oder im Zentrat bzw. Filtrat der maschinellen Entwässerung angereichert. Anaerobe Verhältnisse liegen beispielsweise in Schlammspeicherbehältern, statischen Eindickern oder naturgemäß im Rahmen der anaeroben Schlammstabilisierung vor. Um der Rückbelastung durch Prozesswässer entgegenzuwirken, können Fällmittel bei der Schlammentwässerung eingesetzt oder die statische durch eine maschinelle Eindickung ersetzt werden [Bever et al. (2002) und Barjenbruch et al. (2009)]. Zum anderen sind Prozesswässer kontrolliert in den Hauptstrom einzuleiten. Hierfür wird ein Speicherbecken benötigt. Prozesswässer werden in Abhängigkeit von der Zulaufbelastung rückgeführt, so dass Schwankungen ausgeglichen werden [Barjenbruch et al. (2009)].

2.3 Betriebliche Aspekte bei weiteren biologischen Reinigungsvarianten

2.3.1 Tropfkörperanlagen

Bei Tropfkörperanlagen ist darauf zu achten, dass der Zulauf möglichst feststofffrei ist, so dass der Zwischenraum nicht verstopft. Eine weitergehende Phosphorelimination ist nur durch Fällung möglich. Dosiert wird entweder vor der Vorklärung oder nach der Tropfkörperanlage. Im Allgemeinen wird die Fällmittelzugabe nach der Tropfkörperanlage empfohlen, da bei der Vorfällung möglicherweise Flocken abtreiben, die die Anlage verstopfen. Der Vorteil der Vorfällung besteht jedoch darin, dass organische Stoffe mitgefällt werden und somit die Tropfkörperanlage entlastet wird. Damit verbunden ist wiederum ein erhöhter Fällmittelverbrauch. Generell wird bei Tropfkörperanlagen mehr Fällmittel benötigt, da Phosphat infolge der geringen Überschussschlammproduktion nur in geringem Maße biologisch eliminiert wird [Baumann und Jedele (2019) und Helmreich et al. (2017)].

2.3.2 Anlagen mit Rotationstauchkörpern

Bei Anlagen mit Rotationstauchkörpern ist eine weitergehende Phosphorelimination ebenfalls nur durch eine Fällung möglich. Es besteht die Möglichkeit der Vorfällung. Ebenso wie bei Tropfkörperanlagen zeichnet sie sich durch eine Entlastung der Belebung aus, geht aber mit einem erhöhten Fällmittelverbrauch einher. Eine weitere Möglichkeit besteht darin, simultan zu fällen. Mögliche Dosierstellen sind der Bereich in der Nähe des letzten Rotationstauchkörpers und der Zulauf zur Nachklärung. Eine Überschussschlammproduktion findet im Gegensatz zum Belebtschlammverfahren nur in geringem Maße statt, so dass nur wenig Phosphat biologisch entfernt wird. Dadurch wird bei Biofilmverfahren mit Rotationstauchkörpern generell mehr Fällmittel benötigt, verglichen mit dem Belebtschlammverfahren [Baumann und Jedele (2019) und Helmreich et al. (2017)].

2.3.3 SBR-Anlagen

Bei SBR-Anlagen bestehen zur weitergehenden Phosphorelimination die Möglichkeiten einer erhöhten biologischen Phosphoraufnahme sowie einer chemisch-physikalischen Phosphatfällung. Der Zyklus einer SBR-Anlage setzt sich zusammen aus Befüllen, Rühren, Belüften, Sedimentieren, Schlamm- und Klarwasserabzug [DWA-M 210 (2009)].

Zur Implementierung eines Bio-P-Prozesses wird die Zeitdauer der unbelüfteten Phase um eine Zeitdauer zur Phosphatrücklösung verlängert. Bio-P kann vor allem in SBR-Anlagen, bei denen intermittierend belüftet wird und denen ein Vorspeicher vorgeschaltet ist, gut erreicht werden. Anlagen ohne Vorspeicher sind für die Implementierung einer Bio-P eher ungeeignet, da keine anaeroben Verhältnisse erzeugt werden können. Es ist zu berücksichtigen, dass es auch während der Sedimentation zu einer Phosphatrücklösung kommen kann [DWA-M 210 (2009) und Baumann und Jedele (2019)].

Zur Phosphatfällung wird Fällmittel entweder während der Befüllung oder während der Belüftung dosiert. Die jeweiligen Vor- und Nachteile der beiden Dosierzeiten sind in Tabelle 3 aufgelistet [Baumann und Jedele (2019)].

Im Rahmen einer 2-Punkt-Fällung kann die Dosierung zu beiden Zeitpunkten erfolgen. Erfolgt die Dosierung während der Belüftung, sollte das Fällmittel am Ende der belüfteten Phase zugegeben werden. Bei offenen Reaktoren wird das Fällmittel aufgrund der baulichen Gegebenheiten am Rand dosiert. Um eine ausreichende Leistungsdichte für Einmischung und Mikroflockenbildung zu gewährleisten, sollte in Erwägung gezogen werden, in den Ansaugbereich eines Rührwerks zu dosieren und dieses auch während der Belüftung laufen zu lassen.

Werden Bio-P und Phosphatfällung kombiniert, sollte das Fällmittel lediglich am Ende der belüfteten Phase zugegeben werden [Baumann und Jedele (2019)].

Tabelle 3: Gegenüberstellung der Vor- und Nachteile möglicher Dosierpunkte beim SBR-Verfahren

Dosier-zeitpunkt	Vorteile	Nachteile
Befüllung	➲ auch bei mehreren und großen Becken nur eine Dosierstelle nötig ➲ definierte Zugabezeit ➲ gute Durchmischung ➲ einfache Kalkulation der Dosiermenge	➲ Dosierung in Druckleitung ➲ Effekte der Vorfällung ➲ ggf. erhöhte Fällmittelmenge erforderlich ➲ Einbindung einer Phosphatmessung kaum möglich ➲ keine Bio-P möglich
Belüftung	➲ Dosierung sichtbar auf die Wasseroberfläche ➲ Bio-P möglich ➲ Einbindung einer Phosphatmessung möglich	➲ mindestens eine Dosierstelle pro Reaktor nötig ➲ Rührwerk läuft während Dosierung ➲ Kalkulation der Dosiermenge bei wechselnden Wasservolumen schwierig ➲ bei variablen Zeiten der Nitrifikation Zeitfenster für Dosierung schwierig zu bestimmen

2.3.4 Abwasserteichanlagen

Erfolgt eine Phosphatentfernung auf Abwasserteichanlagen lediglich biologisch, beträgt die Eliminationsleistung maximal 35 %. Um mehr Phosphat aus dem Abwasser zu entfernen, ist eine Fällung zu implementieren [Baumann und Jedele (2019)]. Mit einer Fällung können nach Baumann und Jedele (2019) Eliminationsleistungen von 40 % bis 70 % erzielt werden.

Wichtig ist bei belüfteten Abwasserteichanlagen das bis in die oberste Schlammschicht aerobe Verhältnisse vorliegen. Unterschieden wird zwischen belüfteten Abwasserteichanlagen mit und ohne technischer Zwischenstufe. Die bevorzugte Dosierstelle bei Anlagen ohne Zwischenstufe stellt der Zulauf zum letzten belüfteten Teich dar. Der Fällschlamm fällt separat zum Primärschlamm an und wird zum einen im belüfteten Teich und zum anderen zu einem geringeren Teil im Nachklärteich zurückgehalten. Bei anaeroben Verhältnissen im Schlamm wird Phosphat rückgelöst. Durch eine sich ausbildende Eisenhydroxid-Schicht auf dem Schlamm kann das rückgelöste Phosphat gefällt werden, so dass sich die PO_4-P-Konzentration nicht erhöht. Ist auf der Anlage eine technische Zwischenstufe vorhanden, auf die eine Grobentschlammung folgt, ist es sinnvoll, in den Zulauf der Grobentschlammung zu dosieren. Ein Teil des dort anfallenden Schlamms wird als Rücklaufschlamm in den vorgeschalteten Teich rückgeführt, so dass das Fällmittel gut ausgenutzt wird. Sowohl die Dosierung in den Zulauf des letzten belüfteten Teiches als auch die Fällmittelzugabe in die Grobentschlammung kann in konstanter Menge erfolgen. Voraussetzung für eine effiziente Fällung ist die Gewährleistung der Einmischung durch eine ausreichende Leistungsdichte. Auf Anlagen mit einem belüfteten Sandfang kann optional in den Zulauf des Sandfangs dosiert werden, wenn eine turbulente Stelle im Zulauf des letzten belüfteten Teiches nicht gegeben ist. Hier ist entweder eine Dosierung nach gemessener Ganglinie oder nach Trinkwasserverbrauch empfehlenswert [Merkel (2018) und Baumann und Jedele (2019)].

Weist der Schlamm in der obersten Schicht keine aeroben Verhältnisse auf, resultieren möglicherweise unkontrollierbare Phosphatrücklösungen und schwankende Ablaufkonzentrationen [Baumann und Jedele (2019) und Helmreich et al. (2017)]. Hier ist mit abnehmender Priorität zu prüfen, ob der Teich zu räumen, die Belüftung zu steigern oder mehr Fällmittel einzusetzen ist [Merkel (2018)].

Bei unbelüfteten Teichen wird zudem empfohlen, Fällmittel zu verwenden, das auf Aluminium-Ionen basiert. Eisen(III)-Ionen könnten zu Eisen(II)-Ionen reduziert werden, wodurch analog der Effekte langer Schlammlagerzeiten ebenfalls Phosphate rückgelöst und möglicherweise Eisensulfide gebildet werden [Helmreich et al. (2017) und Baumann und Jedele (2019)].

Die wesentliche Problematik bei Abwasserteichanlagen ist zum einen eine fehlende Regelung bzw. Steuerung und zum anderen das Schaffen geeigneter physikalischer Randbedingungen für die Vorgänge der Fällung. Beide Aspekte führen zu einer Überdosierung [Helmreich et al. (2017)].

2.3.5 Kennzahlen der Phosphorelimination

Um die Effizienz der Fällung mit anderen Anlagen vergleichen zu können, sind Kennzahlen definiert. Ermittelt wird hierzu beispielsweise der K_P-Wert. Er bezieht die verbrauchte Wirksubstanz des Fällmittels auf die P_{ges}-Zulauffracht [DWA-A 202 (2011)].

$$K_P = \frac{FM_d}{c_{P,Z} \cdot Q_d} \cdot 1.000 \text{ [mol WS/kg P]} \qquad \text{(Gl. 1)}$$

mit FM_d: mittlerer täglicher Fällmittelverbrauch [mol WS/d]

$c_{P,Z}$: durchschnittliche P_{ges}-Konzentration im Zulauf der Anlage [mg/l]

Q_d: Mittelwert der täglichen Abwassermenge [m³/d]

Der K_P-Wert wird durch unterschiedliche Faktoren beeinflusst. Den größten Einfluss hat der Anlagentyp. Relevant sind aber auch Abwasserzusammensetzung, Überwachungswert, Fällungsart und Dosierstelle. Im Arbeitsbericht ATV-DVWK zur gezielten Phosphorelimination (2003) wurden diesbezüglich mehrere Anlagen untersucht. Zur ersten Einschätzung der Effizienz einer Anlage liefert das DWA-A 202 die folgenden Erfahrungswerte (Tabelle 4), die auf einer Auswertung der Betriebsdaten von ca. 400 Kläranlagen in Deutschland, Österreich und der Schweiz basieren und Mittelwerte darstellen.

Tabelle 4: K_P-Erfahrungswerte in Abhängigkeit vom Anlagentyp [DWA-A 202 (2011)]

Anlagentyp	Erfahrungswert K_P [mol WS/kg P]
Bio-P-Anlagen (mit separater Anaerobstufe)	11
Stabilisierungsanlagen	17
Anlagen mit Denitrifikation	23
Chem.-P-Anlagen mit ausschließlicher P-Fällung	30

Im DWA-A 202 wird zusätzlich darauf hingewiesen, dass bei der Bewertung eventueller Abweichungen zusätzliche spezifische Betriebsziele der Kläranlage zu berücksichtigen sind wie bspw. die H_2S-Bindung, die Senkung des Schlammindex oder die Stabilisierung der Bio-P. Sollten jedoch nicht plausible Abweichungen auftreten, ist die praktizierte Verfahrenstechnik der Phosphorelimination zu überprüfen.

Die diesen Erfahrungswerten zugrundeliegenden Betriebsdaten wurden im Zuge einer statistischen Auswertung von [Barjenbruch et al. (2009)] neben der verfahrenstechnischen Unterscheidung weitergehend differenziert nach:

- P_{ges}-Ablaufkonzentrationsbereichen (Abbildung 6),
- Fällmittel-Dosierstelle (Abbildung 7),
- Steuerung/Regelung der Dosiermenge (Abbildung 8),
- Art des Fällmittels (Abbildung 9).

Es ist bei allen Abbildungen festzustellen, dass durchgehend eine große Varianz vorliegt. Dadurch wird die Aussagekraft der KP-Werte eingeschränkt. Auch [Baumann und Jedele (2019)] machen auf diese Unschärfe aufmerksam.

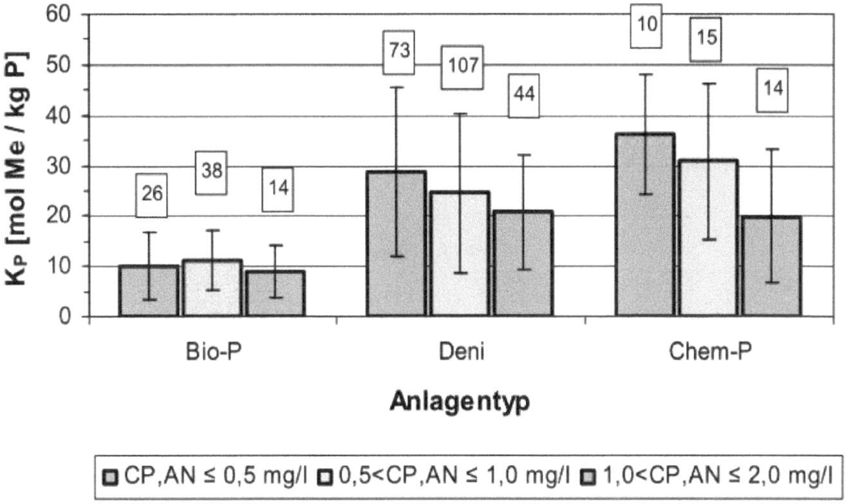

Abbildung 6: Abhängigkeit des K_P-Wertes von der P_{ges}-Ablaufkonzentration (Mittelwert, Standardabweichung, Anzahl der KA) [Barjenbruch et al. (2009)]

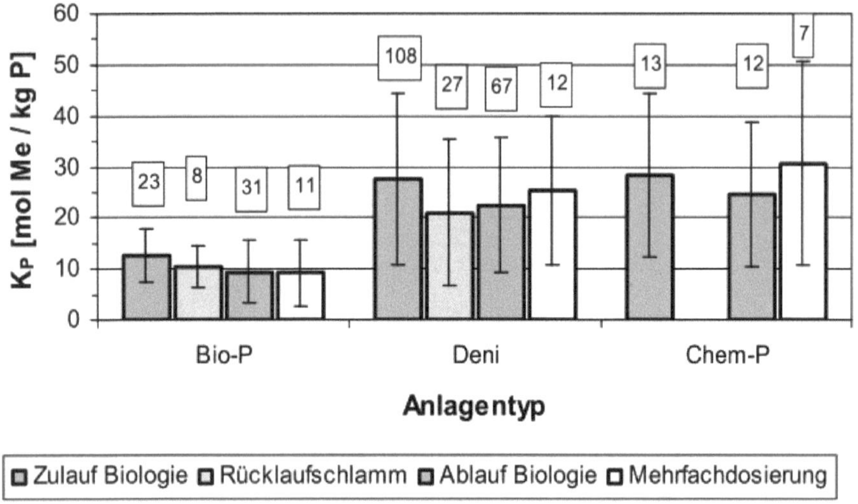

Abbildung 7: Abhängigkeit des K_P-Wertes von der Dosierstelle (Mittelwert, Standardabweichung, Anzahl der KA) [Barjenbruch et al. (2009)]

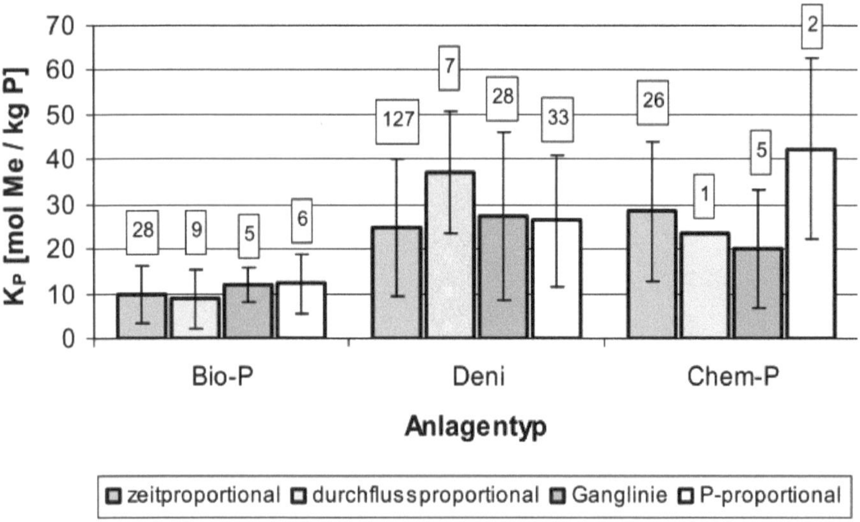

Abbildung 8: Abhängigkeit des K_P-Wertes von der Dosierart (Mittelwert, Standardabweichung, Anzahl der KA) [Barjenbruch et al. (2009)]

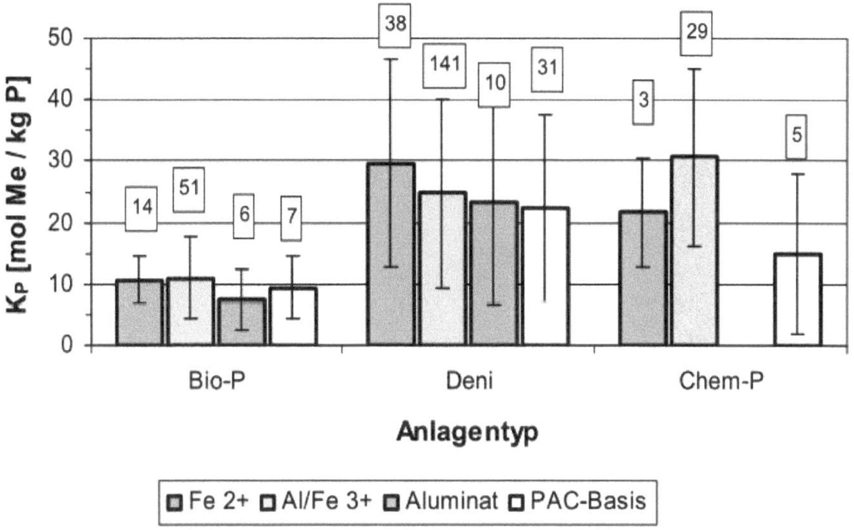

Abbildung 9: Abhängigkeit des K_P-Wertes von der Fällmittelart (Mittelwert, Standardabweichung, Anzahl der KA) [Barjenbruch et al. (2009)]

3 Allgemeine Analyse mittelhessischer Kläranlagen

3.1 Anzahl, Ausbaugröße, Anforderungen

Die zuständige Obere Wasserbehörde für die Region Mittelhessen (Abbildung 10) ist das Regierungspräsidium (RP) Gießen, welches diese Studie initiiert hat. Der Bezirk umfasst die fünf Landkreise Gießen, Marburg-Biedenkopf, Limburg-Weilburg, Vogelsbergkreis und Lahn-Dill-Kreis.

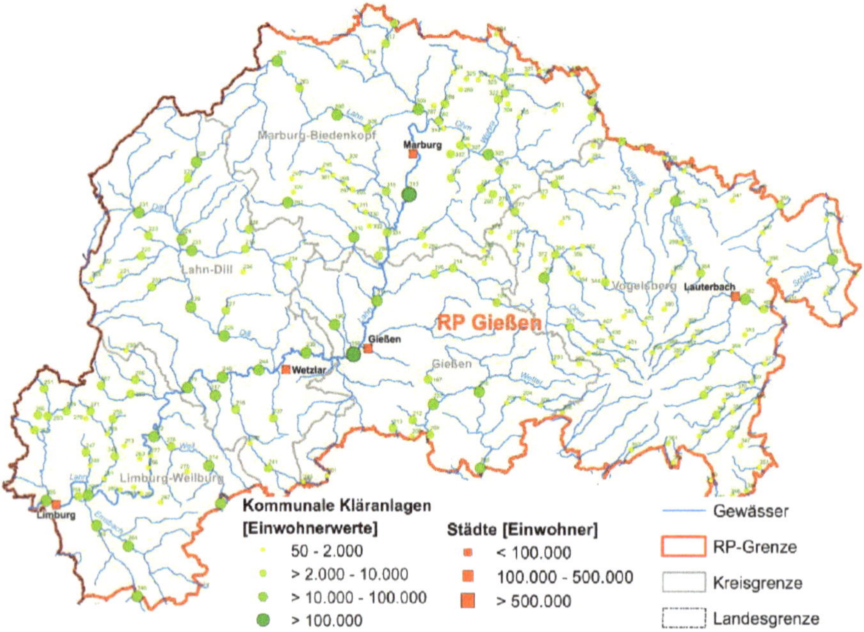

Abbildung 10: Region Mittelhessen und mittelhessische Kläranlagen [HLNUG (2019 b)]

In Mittelhessen werden zurzeit 125 Anlagen der Größenklassen 2 bis 5 betrieben [HLNUG (2019 b)]. 121 der 125 Anlagen sind im Anhang 6 des MP genannt. Für diese Kläranlagen gelten erhöhte Anforderungen an die Phosphat-Ablaufkonzentrationen, die bis Ende 2018 einzuhalten sind. Je nach Größenklasse sind unterschiedliche Anforderungen im Hinblick auf die Werte der Staatlichen Abwasseruntersuchung und der EKVO definiert. In Tabelle 5 sind die jeweiligen Grenzwerte dargestellt. Für Größenklasse 4 sind neben P_{ges}-Grenzwerten Anforderungen an den PO_4-P-Ablaufwert definiert.

Tabelle 5: Anforderungen nach MP an kommunale Kläranlagen in Hessen [in Anlehnung an MP (2015)]

GK	detaillierte Spezifikation	Anzahl betroffener KA	Anforderung
5	-	2	$P_{ges} \leq$ 0,4 mg/l $P_{ges} \leq$ 0,2 mg/l (Monatsmittel)
4	in einzelnen Einzugsgebieten und bei einzelnen Talsperren	0	$P_{ges} \leq$ 0,4 mg/l $P_{ges} \leq$ 0,2 mg/l (Monatsmittel)
4	alle übrigen, nicht unter o.g. Spezifikation der GK 4 fallenden Anlagen	32	$P_{ges} \leq$ 0,7 mg/l $P_{ges} \leq$ 0,5 mg/l (Monatsmittel) PO_4-P max. 0,2 mg/l (24 h-Probe)*
2, 3	-	87	$P_{ges} \leq$ 2,0 mg/l $P_{ges} \leq$ 1,0 mg/l (Jahresmittel)

Überwachungswert, Nachweis durch staatliche Überwachung (qualifizierte Stichprobe oder 2 h-Probe)
Betriebswert, Nachweis durch Eigenkontrolle (24 h-Proben)
*eingehalten, wenn 80-Perzentilwert kleiner gleich 0,2 mg/l und die Einzelwerte maximal das Doppelte der Anforderung betragen

Die folgende Untersuchung bezieht sich auf die im Anhang 6 des MP aufgelisteten Kläranlagen mit erhöhten Anforderungen. In Abbildung 11 zeigt die betrachteten Anlagen nach Größenklasse sortiert mit kumulierten Ausbaugrößen. 87 der 121 vom MP betroffenen mittelhessischen Kläranlagen weisen eine Ausbaugröße zwischen 1.000 EW und 10.000 EW auf. Dies entspricht einem Anteil von 72 %. Im Hinblick auf die Ausbaugröße machen die 34 größeren Kläranlagen mit 82 % an der Gesamtsumme den größten Anteil aus.

In Abbildung 12 zeigt die Anlagen gruppiert nach Ausbaustufe und Art der Reinigungsverfahren gruppiert, dargestellt. Anlagen, die laut Stammdaten keine Phosphorelimination betreiben, aber nach Eigenkontrolldaten Fällmittel verbrauchen, werden den phosphoreliminierenden Anlagen zugeordnet. Lediglich 8 der 121 Anlagen weisen keine Nährstoffelimination auf. 7 dieser 8 Anlagen sind Abwasserteichanlagen. Auf 72 % der Anlagen besteht die Nährstoffelimination aus einer Nitrifikation, Denitrifikation und Phosphorelimination. Auf den Anlagen der Größenklassen 4 und 5 wird ausschließlich die Kombination von Nitrifikation, Denitrifikation und Phosphorelimination betrieben. Darüber hinaus ist diese Kombination auch auf den Anlagen der Größenklassen 2 und 3 am häufigsten vertreten.

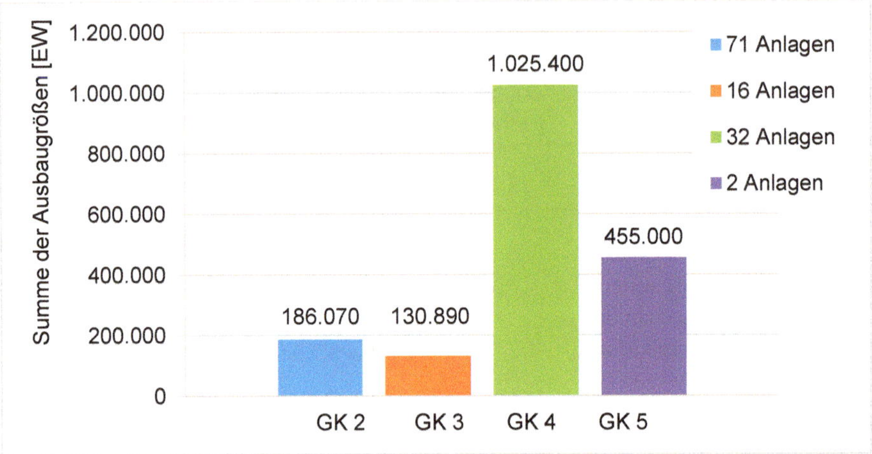

Abbildung 11: Summen der Ausbaugrößen in Abhängigkeit von der Größenklasse, basierend auf den Stammdaten (Stand 21.08.2019)

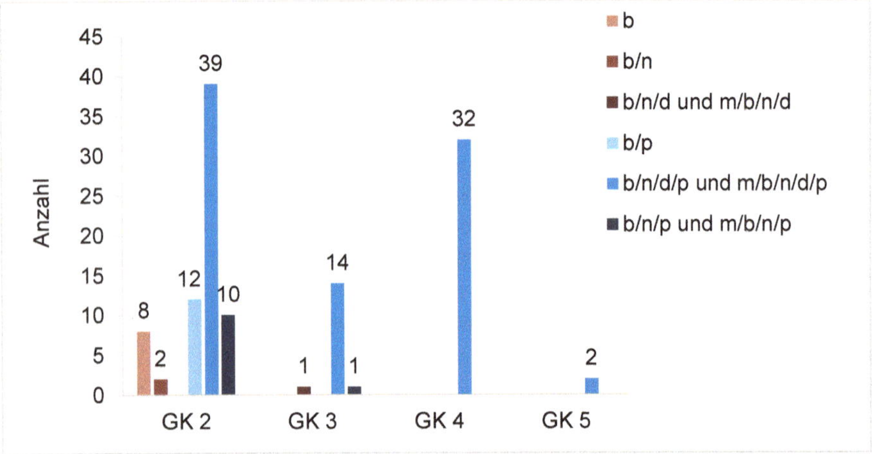

Abbildung 12: Einteilung der Kläranlagen nach Ausbaugröße und Reinigungsstufe, basierend auf den Stammdaten und den Eigenkontrolldaten (Stand 21.08.2019)

Lediglich 1 der 16 Anlagen der Größenklasse 3 weist keine Denitrifikation auf und bei einer weiteren Anlage der Größenklasse 3 wird kein Phosphat eliminiert. Insgesamt enthalten 110 der 121 Anlagen in ihrem Reinigungsverfahren eine Phosphorelimination. Das entspricht einem Anteil von 91 %. Auf den übrigen 11 Anlagen wird zwar noch keine weitergehende

Phosphorelimination betrieben, dennoch wird nach den Eigenkontrolldaten die Anforderung an das Jahresmittel der P_{ges}-Konzentration auf 2 dieser 11 Anlagen eingehalten.

3.2 Reinigungsleistung Phosphor

Im Folgenden werden die Werte der Eigenkontrolldaten bis 2018 ausgewertet und zwar nach folgenden Aspekten:

- Zu- und Ablauffracht im Hinblick auf P_{ges}, N_{ges}, CSB und BSB_5,
- Ablaufkonzentration von P_{ges} und
- Eliminationsleistung hinsichtlich P_{ges}, ermittelt aus Zu- und Ablauffrachten.

Die Untersuchung basiert auf Informationen zu Jahresabwassermengen und Konzentrationen im Zu- und Ablauf der betrachteten Kläranlagen.

Tabelle 6: Anforderungen für biologische Abwasserbehandlungsanlagen an Art und Umfang der mindestens vorzunehmenden Messungen und Untersuchungen [in Anlehnung an EKVO (2010)]

Ort der Messung	Parameter	GK 2	GK 3	GK 4	GK 5
Zulauf der Anlage	Abwassermenge			K, 2 h	K, 2 h
	BSB_5	M	W	W	W
	CSB	M	W	W	W
	N_{ges}	M	W	W	W
	P_{ges}	M	W	W	W
Ablauf der Anlage	Abwassermenge	K, 24 h	K, 24 h	K, 2 h	K, 2 h
	BSB_5	W	W	W	W
	CSB	W	W	W	W
	N_{ges}	M	W	T	T
	P_{ges}	W	W	T*	T

M: monatlich
W: wöchentlich
K: kontinuierlich, 2 h- oder 24 h-Summenwert des Durchflusses
T: täglich
*Die für den Parameter Phosphor, gesamt (P_{ges}) zu entnehmenden 24 h-Mischproben sind zusätzlich hinsichtlich der Konzentration an PO_4-P zu analysieren.

Nach EKVO unterscheiden sich Art und Anzahl der Beprobung in Abhängigkeit von der Größenklasse der Kläranlagen entsprechend Tabelle 6.

Im ersten Schritt wird die Reinigungsleistung hinsichtlich P_{ges} untersucht. Der zur Untersuchung der Reinigungsleistung wesentliche Aufbau einer Wertreihe ist in Tabelle 7 dargestellt.

Tabelle 7: Wesentlicher Aufbau einer Wertereihe, basierend auf den Eigenkontrolldaten

Kläranlagenname	Ausbaugröße [EW]	Berichtsjahr	Zulauf			Ablauf			Eliminationsleistung [%]
			Jahresabwassermenge [m³/a]	Konzentration [mg/l]	Fracht [kg/a]	Jahresabwassermenge [m³/a]	Konzentration [mg/l]	Fracht [kg/a]	

Zur Vergleichbarkeit der Reinigungsleistungen im zeitlichen Verlauf ist eine Vollständigkeit der Angaben Voraussetzung. Die Angaben in 19 der 1.752 Wertereihen waren nicht vollständig. Das entspricht etwa 1 % der gesamten Wertereihen. Der Umfang an fehlenden Daten kann in drei Fälle unterteilt werden, für die unterschiedliche Annahmen getroffen wurden:

- Es fehlen Jahresabwassermenge und Fracht des Zulaufs bzw. des Ablaufs. Als Jahresabwassermenge wird der Mittelwert aus den restlichen Werten angesetzt. Die Fracht entspricht dem Produkt aus Jahresabwassermenge und Konzentration.
- Es fehlen Konzentration und Fracht des Zulaufs. Die Phosphor-Zulauffracht wurde nach DWA-A 131 mit 1,8 g P/(EW·d) angenommen. Die Konzentration entspricht dem Quotienten aus Jahresabwassermenge und Fracht.
- Es fehlen Jahresabwassermenge, Zulaufkonzentration und -fracht. Zur Ermittlung der Jahresabwassermenge wurde der Mittelwert der restlichen Werte gebildet. Die Phosphor-Zulauffracht wurde mit 1,8 g P/(EW·d) angenommen. Die Konzentration wurde aus den Annahmen zu Jahresabwassermenge und Fracht ermittelt.

Angaben zur Ablaufkonzentration sind in jeder Wertereihe vorhanden. Aus der Vervollständigung der Daten werden die P_{ges}-Frachten in Zulauf und Ablauf kumuliert. Die kumulierten P_{ges}-Frachten sind in Abbildung 13 veranschaulicht. Für den Ablauf sind die summierten P_{ges}-Frachten nach Größenklasse unterteilt.

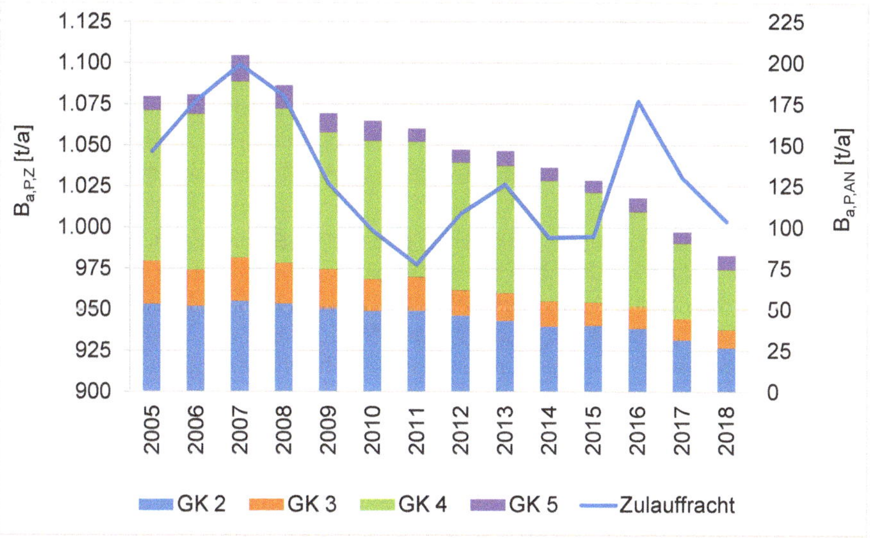

Abbildung 13: Kumulierte P_{ges}-Frachten der Anlagen GK 2 bis 5, basierend auf den Jahresmitteln der Eigenkontrollen

Trotz schwankender Zulauffrachten sinkt die Ablauffracht innerhalb der Bewirtschaftungszyklen. Während die Gesamtphosphor-Ablauffracht im Jahr 2014 noch 136,5 t betrug, wurden im Jahr 2018 lediglich 83,2 t ins Gewässer eingetragen. Das entspricht einer Verringerung der Gesamtphosphorfracht um 39 % im Vergleich zum Jahr vor dem MP zur weitergehenden Phosphorelimination. Darüber hinaus wurden im MP Prognosen zur Ablauffracht gestellt, die durch diese Untersuchung überprüft werden konnten. Laut MP wird nach Einhaltung der Anforderungen auf allen Anlagen eine Halbierung der Ablauffracht gegenüber den Jahren 2010 bis 2012 erwartet. Im Mittel wurden in den Jahren 2010 bis 2012 jährlich 157,6 t Gesamtphosphor ins Gewässer eingeleitet. Bereits 2018 hat sich der Wert fast halbiert, so dass die Erwartungen als erfüllt und die Maßnahmen folglich als wirksam bewertet werden.

Bei einer Gegenüberstellung der kumulierten Ausbaugröße je Größenklasse (Abbildung 11) und der emittierten P_{ges}-Frachten (Abbildung 13) ist auffällig, dass die kleineren Anlagen der Größenklassen 2 und 3 lediglich einen Anteil an der Gesamtsumme der Ausbaugrößen von 18 % aufweisen. Im Gegensatz dazu leiten sie jedoch mit einem Anteil von 46 % an der P_{ges}-Ablauffracht im Jahr 2018 fast genauso viel Phosphor in die Gewässer ein wie die Kläranlagen der Größenklassen 4 und 5 zusammen. Weil kleine Anlagen häufig in kleinere Gewässer einleiten, sind die Ablaufwerte dieser kleineren Anlagen für das Erreichen eines guten ökologischen Zustandes in den mittelhessischen Gewässern durchaus relevant. Der hohe Anteil der Ablauffracht kann dabei auf die geringeren Anforderungen an die Ablaufkonzentration im MP zurückgeführt werden. Während die kleineren Anlagen im Jahresmittel 1 mg/l einleiten dürfen, liegt der Grenzwert für die Anlagen der Größenklassen 4 und 5 bei 0,5 mg/l bzw. 0,2 mg/l im Monatsmittel. Da sich Maßnahmen zur weitergehenden Phosphorelimination bei einigen Kläranlagen noch in der Umsetzungs- bzw. Planungsphase befinden, wird erwartet, dass sich der Phosphateintrag in die Gewässer zukünftig noch weiter reduziert.

Entsprechend der Reduktion der Ablauffrachten sind die P_{ges}-Eliminationsleistungen gestiegen. Die durchschnittlichen Eliminationsleistungen sind in Abbildung 14 dargestellt. Je nach Größenklasse differiert der Anstieg der Eliminationsleistung. Die beiden Anlagen der Größenklasse 5 haben bereits in den Jahren vor dem MP 2015 bis 2021 ca. 95 % des Phosphors im Zulauf entfernt. Da weitere Umsetzungsmaßnahmen zur Phosphorelimination geplant sind, wird eine Zunahme der Eliminationsleistung erwartet. Die Anlagen der Größenklasse 4 weisen eine Steigerung der Eliminationsleistung um etwa 10 %-Punkte vom Jahr 2009 bis zum Jahr 2018 auf. Den größten Leistungsanstieg verzeichnen die kleineren Anlagen. Im Jahr 2009 wurden 59 % bzw. 64 % auf den Anlagen der Größenklassen 2 und 3 des Phosphors im Zulauf eliminiert. Diese Leistungen konnten bis zum Jahr 2018 um 18 bis 19 %-Punkte erhöht werden. Der Anstieg der Eliminationsleistung im ersten Bewirtschaftungszyklus ist darauf zurückzuführen, dass einige Kläranlagen bereits vor Inkrafttreten des MP freiwillige Optimierungsmaßnahmen durchgeführt haben. Die durchschnittliche Eliminationsleistung aller Anlagen der GK 2 bis 5 beträgt 82 % im Jahr 2018.

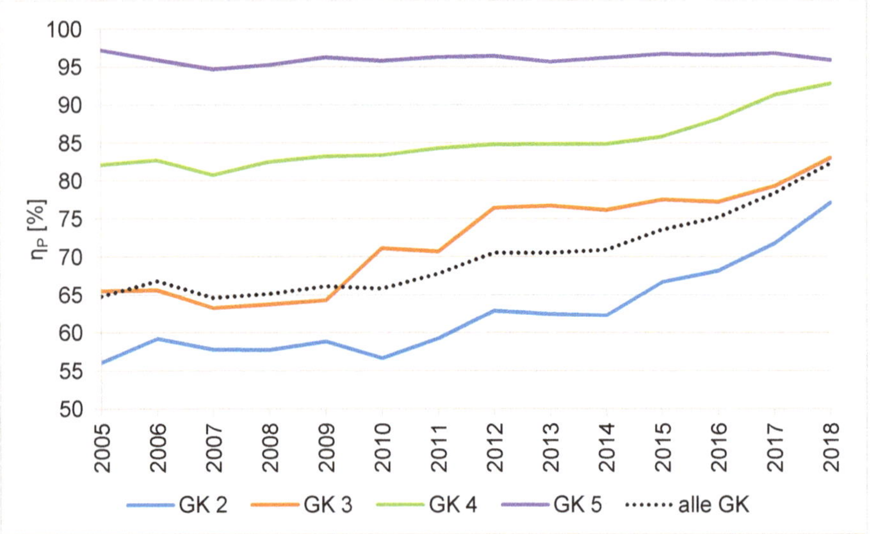

Abbildung 14: Zeitlicher Verlauf der durchschnittlichen Gesamtphosphoreliminationsleistungen, basierend auf den Jahresmitteln der Eigenkontrollen

Der Verlauf der erreichten Ablaufkonzentrationen mit dem jeweiligen Wertebereich ist differenziert nach Größenklasse in den nachfolgenden Grafiken (Abbildung 15 bis Abbildung 18) dargestellt.

Die mittleren Ablaufkonzentrationen der Anlagen aus Größenklasse 2 bis 4 konnten gegenüber dem Jahr 2009 verbessert werden. Bei Anlagen der Größenklassen 2 und 3 ist hervorzuheben, dass Mittelwert und Medianwert der Ablaufkonzentration im Jahr 2018 unterhalb des nach MP 2015 bis 2021 geforderten Wertes von 1,0 mg/l liegen. In Bezug auf Anlagen der Größenklasse 3 unterschreiten 90 % den geforderten Ablaufwert. Darüber hinaus zeigt der Wertebereich im Jahr 2018, dass kleine Kläranlagen geringe Ablaufkonzentrationen von bis zu 0,10 mg/l erreichen können.

Für die Anlagen der Größenklasse 4 wird nach MP 2015 bis 2021 eine Ablaufkonzentration von $P_{ges} \leq 0{,}5$ mg/l im Monatsmittel gefordert. Die Abbildung 17 liefert lediglich Werte zum Jahresmittel. Erkennbar ist aber, dass sich die Zahl der Anlagen, die 0,5 mg/l im Jahresmittel unterschreiten, im Laufe der Bewirtschaftungszyklen auf 90 % erhöht hat. Somit ist eine deutliche Verbesserung der Ablaufwerte zu verzeichnen.

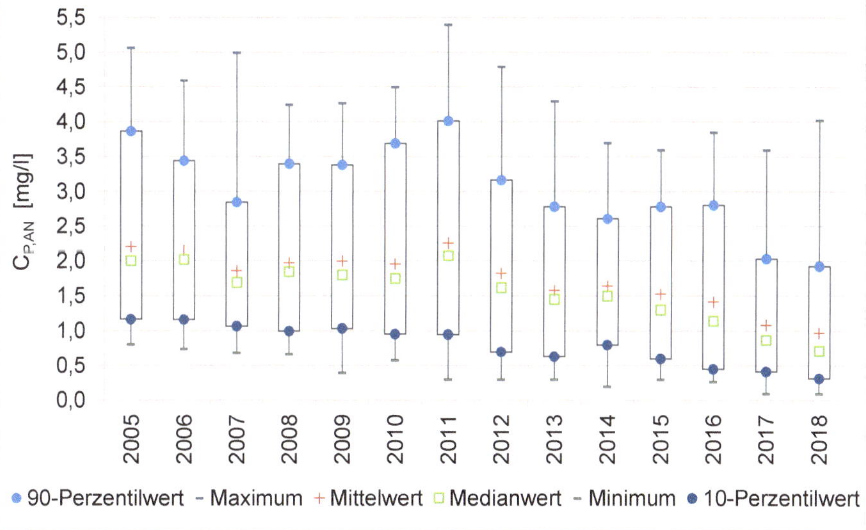

Abbildung 15: P_{ges}-Ablaufkonzentrationen der GK 2, basierend auf den Jahresmitteln der Eigenkontrollen, n = 71 Anlagen

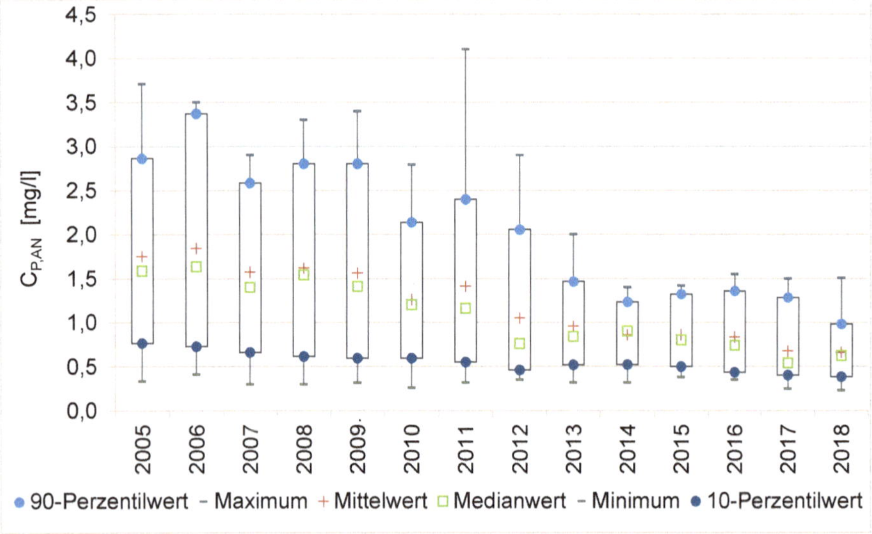

Abbildung 16: P_{ges}-Ablaufkonzentrationen der GK 3, basierend auf den Jahresmitteln der Eigenkontrollen, n = 16 Anlagen

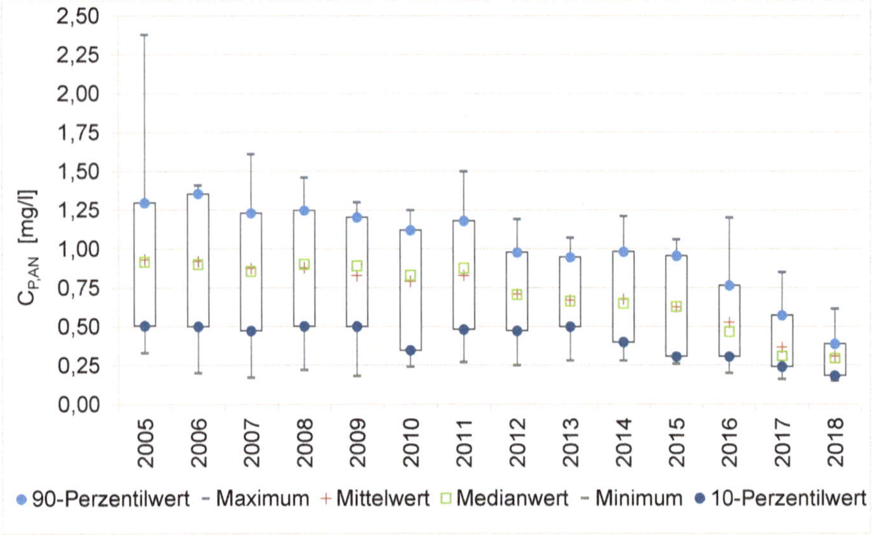

Abbildung 17: P_{ges}-Ablaufkonzentrationen der GK 4, basierend auf den Jahresmitteln der Eigenkontrollen, n = 32 Anlagen

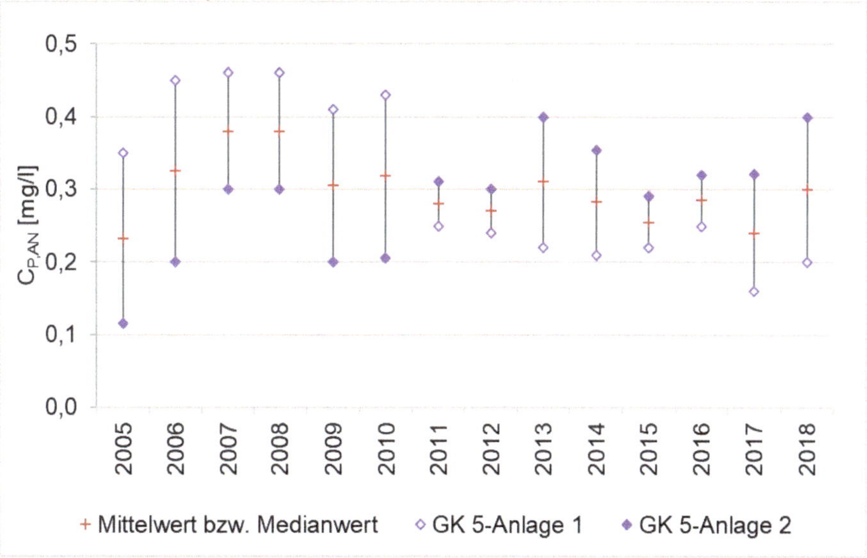

Abbildung 18: P_{ges}-Ablaufkonzentrationen der GK 5, basierend auf den Jahresmitteln der Eigenkontrollen, n = 2 Anlagen

Die P_{ges}-Konzentrationen im Ablauf der beiden Anlagen in Größenklasse 5 schwanken seit 2011 in einem Bereich zwischen 0,15 mg/l und 0,4 mg/l. Dabei zeigt sich für eine der beiden Anlagen eine tendenzielle Verbesserung, im anderen Fall eine Verschlechterung der Ablaufkonzentrationen. Betrachtet man nur das Jahr 2018 ist für beide Kläranlagen eine Verschlechterung der Ablaufkonzentrationen (Abbildung 18) und der Eliminationsleistung (Abbildung 14) im Vergleich zum Vorjahr zu verzeichnen. Eine dieser Kläranlagen befindet sich in der Umsetzungsphase, weswegen zukünftige Verbesserungen hinsichtlich der P_{ges}-Eliminationsleistung erwartet werden.

Im Folgenden werden die Kläranlagen nach P_{ges}-Ablaufkonzentration eingeteilt. Auf diese Weise wird die Anzahl der Kläranlagen eruiert, welche die Anforderungen nach MP 2015 bis 2021 erreichen. Dargestellt sind die Jahre 2016 bis 2018, so dass Veränderungen veranschaulicht werden. Aufgrund fehlender Werte zum Monatsmittel für Größenklasse 4 und 5 basiert deren Einteilung auf den Jahresmitteln der Eigenkontrollen.

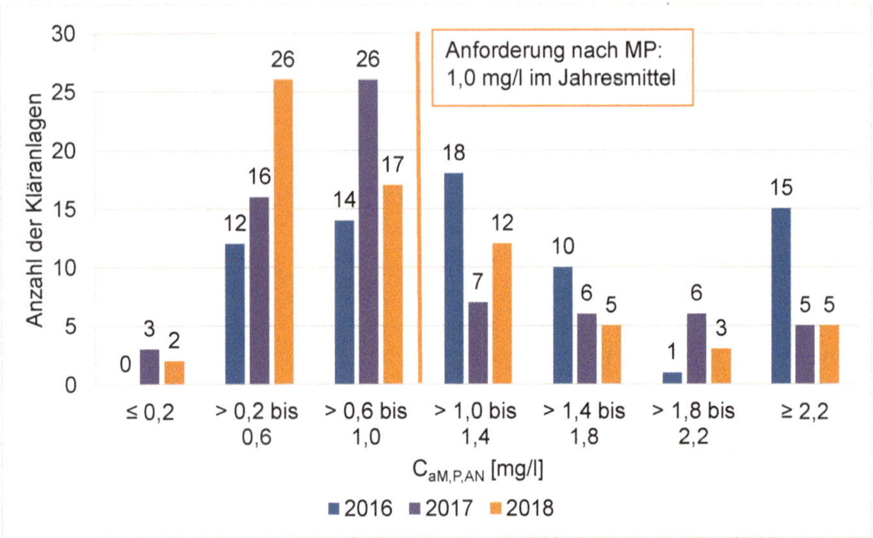

Abbildung 19: Einteilung der Kläranlagen GK 2 nach der P_{ges}-Ablaufkonzentration, basierend auf den Jahresmitteln der Eigenkontrollen

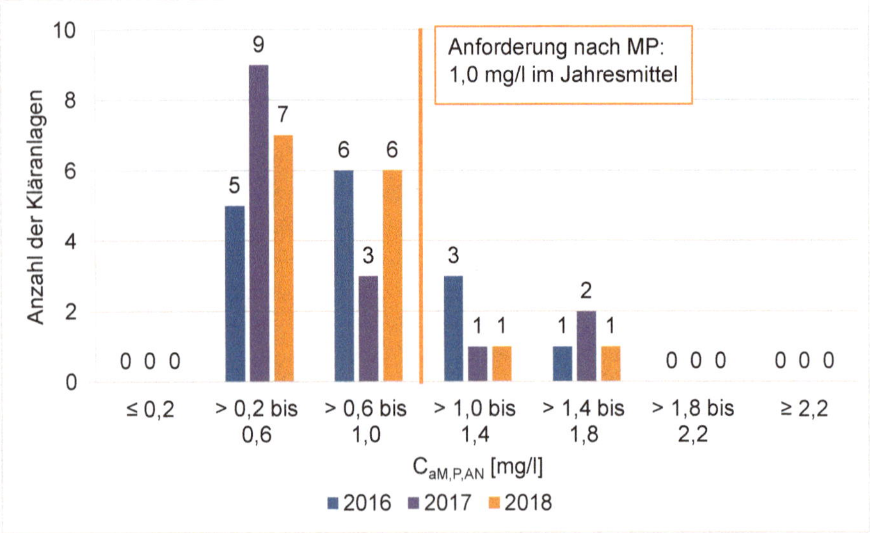

Abbildung 20: Einteilung der Kläranlagen GK 3 nach der P_{ges}-Ablaufkonzentration, basierend auf den Jahresmitteln der Eigenkontrollen

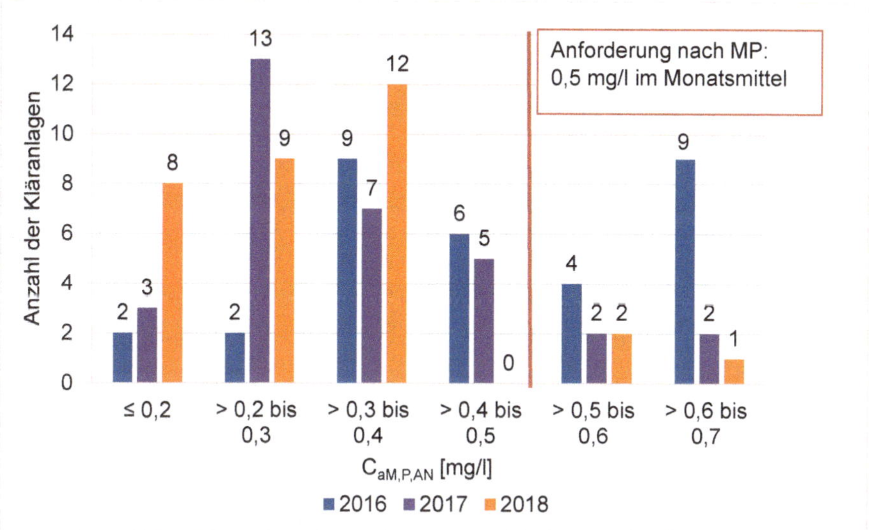

Abbildung 21: Einteilung der Kläranlagen GK 4 nach der P_{ges}-Ablaufkonzentration, basierend auf den Jahresmitteln der Eigenkontrollen

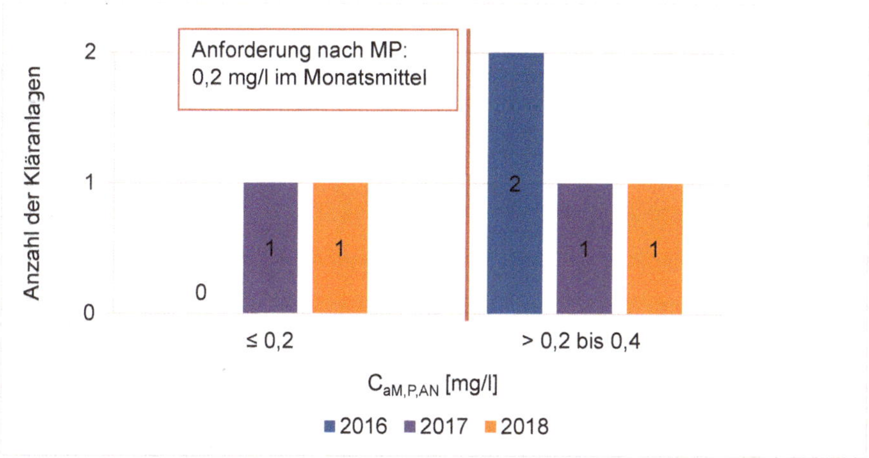

Abbildung 22: Einteilung der Kläranlagen GK 5 nach der P_{ges}-Ablaufkonzentration, basierend auf den Jahresmitteln der Eigenkontrollen

Die Anzahl der Kläranlagen, welche die nach MP 2015 bis 2021 geforderten Werte für die P_{ges}-Ablaufkonzentration im Jahresmittel erreichen, ist in den vergangenen drei Jahren gestiegen. Im Jahr 2018 weisen 74 % der Anlagen eine Jahresablaufkonzentration auf, welche die jeweilige Anforderung einhält. Konkret beträgt der Anteil 64,3 % für die Anlagen der Größenklassen 2 sowie 86,7 % für diejenigen der Größenklasse 3 und 90,6 % für diejenigen der Größenklasse 4. Die meisten Anlagen, welche die Anforderung im Jahresmittel nicht einhalten, entsprechen mit 25 Anlagen der Größenklasse 2, was einem Anteil von 81 % entspricht. 15 dieser 25 Anlagen sind Abwasserteichanlagen. Außerdem handelt es sich bei 11 dieser 25 Anlagen und zusätzlich einer Anlage der Größenklasse 3, welche die Anforderungen im Jahr 2018 nicht einhalten, um Anlagen, die im Hinblick auf das MP auch noch keine Maßnahmen zur weitergehenden Phosphorelimination umgesetzt haben.

Im Folgenden werden die im Jahr 2018 erreichten Eliminationsleistungen und P_{ges}-Ablaufkonzentrationen der Anlagen der Größenklassen 2 und 3 mit weitergehender Phosphorelimination differenziert betrachtet (Abbildung 23, Abbildung 24). Hierfür werden die Anlagen nach Größenklasse und Reinigungsstufen klassifiziert. Die im Mittel beste Ablaufkonzentration weist die Anlage der Größenklasse 3 auf, die eine Phosphorelimination und Nitrifikation betreibt. Da dieser Klasse nur eine Kläranlage zugeordnet wird, ist eine statistische Aussage nicht möglich. Die Ablaufkonzentrationen der Größenklasse 2 liegen im Schnitt oberhalb der mittleren Ablaufkonzentration der Größenklasse 3. Die im Durchschnitt niedrigsten Ablaufwerte weisen diejenigen Anlagen aus Größenklasse 2 auf, die sowohl eine Nitrifikation als auch eine Denitrifikation betreiben.

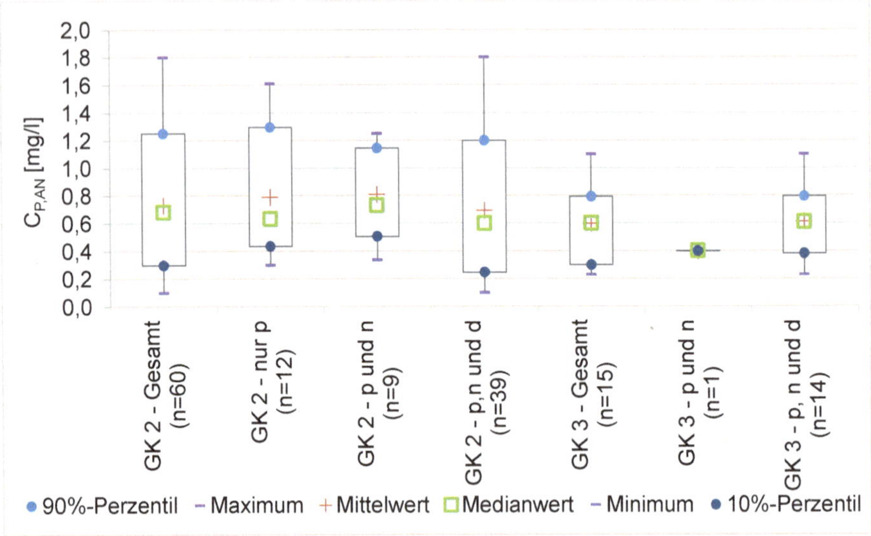

Abbildung 23: P_{ges}-Ablaufkonzentrationen der Anlagen mit gezielter Phosphorelimination der GK 2 und 3, basierend auf den Jahresmitteln der Eigenkontrollen

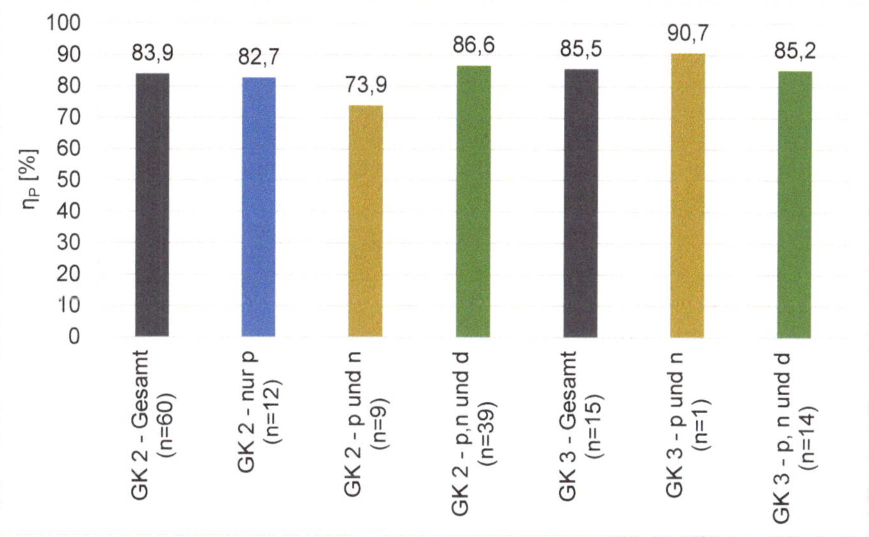

Abbildung 24: Durchschnittliche Eliminationsleistungen der Anlagen mit weitergehender Phosphorelimination der GK 2 und 3, basierend auf den Jahresmitteln der Eigenkontrollen

Die durchschnittlichen Eliminationsleistungen aller Anlagen der Größenklassen 2 und 3 liegen bei 77,1 % und 83,0 % (Abbildung 14). Bei den phosphateliminierenden Anlagen der Größenklasse 2 wird im Schnitt eine Eliminationsleistung von 83,9 % erzielt, während bei den phosphateliminierenden Anlagen der Größenklasse 3 durchschnittlich 85,5 % des zufließenden Phosphors aus dem Abwasser entfernt wird. Die geringste Eliminationsleistung besitzen die Anlagen der Größenklasse 2, in denen lediglich nitrifiziert wird. Die Anlagen mit zusätzlicher Denitrifikation erzielen im Schnitt eine Eliminationsleistung von 86,6 %. Die Anlagen der Größenklasse 3, auf denen die gleichen Reinigungsstufen aufzufinden sind, erreichen mit 85,2 % eine ähnliche Eliminationsleistung.

Wie zuvor erwähnt, konnten 25 Anlagen der Größenklasse 2 die Anforderungen an das Jahresmittel der P_{ges}-Ablaufkonzentration nicht einhalten. Davon entsprechen 15 einer Abwasserteichanlage. Insgesamt sind mindestens 20 der 121 durch das MP betroffenen Anlagen in Mittelhessen Abwasserteichanlagen, was einen Anteil von 16,5 % ausmacht. Allerdings betreiben lediglich 13 der 20 Abwasserteichanlagen eine weitergehende Phosphorelimination. Aufgrund der in Abschnitt 2.3.4 genannten Herausforderungen bei der Integration einer Phosphatfällung und aufgrund der Tatsache, dass vergleichsweise viele Abwasserteichanlagen der Größenklasse 2 in Mittelhessen vorhanden sind, werden deren Eliminationsleistungen und erzielbaren Ablaufkonzentrationen bezüglich Gesamtphosphor zusätzlich im Folgenden separat betrachtet. In Tabelle 8 sind Betriebsdaten des Jahres 2018 aller bekannten Abwasserteichanlagen der Größenklasse 2, die eine weitergehende Phosphorelimination betreiben, aufgelistet. Die Sortierung erfolgt nach aufsteigender P_{ges}-Eliminationsleistung.

Tabelle 8: Betriebsdaten des Jahres 2018 der Abwasserteichanlagen der GK 2 in Mittelhessen mit weitergehender Phosphorelimination, basierend auf den Jahresmitteln der Eigenkontrollen

Anlagennummer	Eliminationsleistung [%]	P_{ges}-Ablaufkonzentration [mg/l]
1	30,2	1,3
2	56,5	1,6
3	70,7	1,3
4	75,0	1,8
5	75,0	1,1
6	79,9	0,7
7	80,3	1,3
8	81,0	0,7
9	86,0	0,7
10	87,1	1,1
11	87,5	0,4
12	91,9	0,7
13	92,8	0,5
Mittelwert	**76,5**	**1,0**
Minimum	**30,2**	**0,4**
Maximum	**92,8**	**1,8**

Trotz der Herausforderungen bei der Implementierung einer weitergehenden Phosphorelimination liegt die durchschnittliche Eliminationsleistung der Abwasserteichanlagen mit 76,5 % nur knapp unter dem ermittelten Durchschnittswert für Anlagen der Größenklasse 2 von 77,1 %. Die Anforderung nach MP an das Jahresmittel der P_{ges}-Ablaufkonzentration (1 mg/l) kann allerdings bei über der Hälfte der Anlagen nicht eingehalten werden. Im Gegensatz dazu werden bei zwei Abwasserteichanlagen gute Ablaufkonzentrationen von 0,4 mg/l und 0,5 mg/l erreicht, die weit unterhalb der Anforderung liegen. Abwasserteichanlagen mit geringen Eliminationsleistungen und Überschreitung der Anforderungen bieten besonderes Potenzial zur Verbesserung der Phosphorelimination.

Bezüglich der Aussagekraft der gemessenen Zu- und Ablaufkonzentrationen ist anzumerken, dass die P_{ges}-Konzentration nach EKVO im Zulauf der Anlage mindestens monatlich und im Ablauf der Anlage mindestens wöchentlich zu messen ist [EKVO (2010)]. Aufgrund der unterschiedlichen Anzahl an Messwerten in Zu- und Ablauf entstehen Ungenauigkeiten in Bezug auf die Eliminationsleistung.

3.3 Reinigungsleistung Stickstoff und CSB

Im Folgenden wird die Reinigungsleistung der Kläranlagen hinsichtlich Stickstoff untersucht. Ebenso wie bei den Daten zur Phosphorelimination sind auch die Angaben für Stickstoff nicht vollständig. Es fehlen Daten bei 1 % der Wertereihen. Bei fehlenden Angaben zur Zulauffracht, Jahresabwassermenge oder Zulauf-Konzentration wird die einwohnerspezifische TKN-Fracht im Zulauf der Kläranlage mit 11 g/(EW·d) angesetzt. Bei fehlender Angabe der Ablauffracht, Jahresabwassermenge oder Ablaufkonzentration wird diese aus der mittleren Eliminationsleistung der übrigen Jahre ermittelt. Die Ablaufkonzentration des anorganischen Gesamtstickstoffs (N_{ges}) ist für alle Wertereihen gegeben. Die aus den Jahresabwassermengen und der N_{ges}-Konzentrationen resultierenden Frachten sind in Abbildung 25 dargestellt. Diese Frachten basieren auf den Daten der Eigenkontrollen.

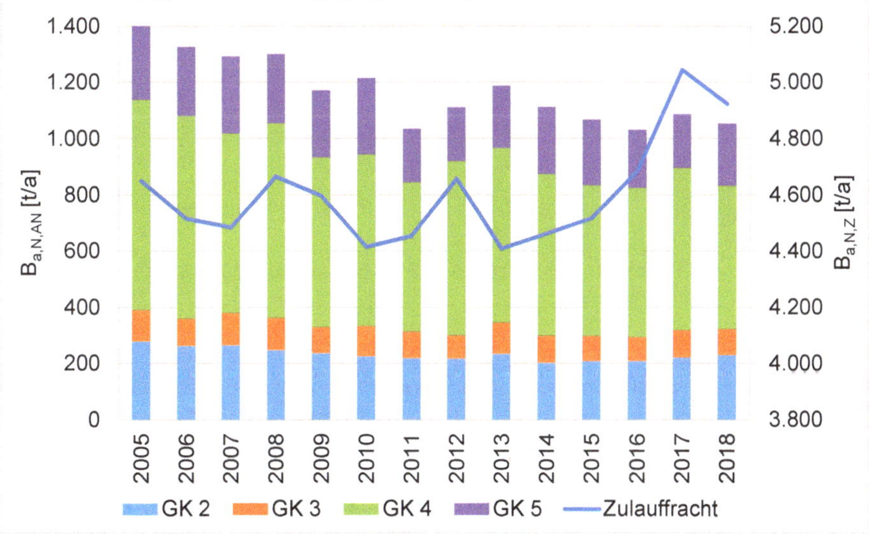

Abbildung 25: Kumulierte N_{ges}-Frachten der Anlagen GK 2 bis 5, basierend auf den Jahresmitteln der Eigenkontrollen

Trotz tendenziell steigender Zulauffracht ist die Ablauffracht an anorganischem Gesamtstickstoff gesunken. Eine Ursache für die nicht ansteigende Ablauffracht könnten Kapazitätsreserven auf den Anlagen sein. Es besteht die Vermutung, dass die Phosphorelimination einen Einfluss auf die N_{ges}-Elimination hat. Bei Einsatz bestimmter Fällmittel zur chemischen Phosphatfällung können die Absetzeigenschaften des Belebtschlamms positiv beeinflusst werden, so dass weniger Feststoffe in den Ablauf der Anlage gelangen. Auch die verbesserte Abtrennung von Feststoffen durch die Optimierung der Nachklärbecken oder die Errichtung einer Filtration könnte sich auf den Parameter N_{ges} auswirken. Außerdem finden neben der Fällungsreaktion auch Konkurrenzreaktionen statt. Aufgrund von Adsorption wird durch Einsatz einer Fällung auf der Anlage möglicherweise ebenfalls mehr Stickstoff aus dem Abwasser eliminiert.

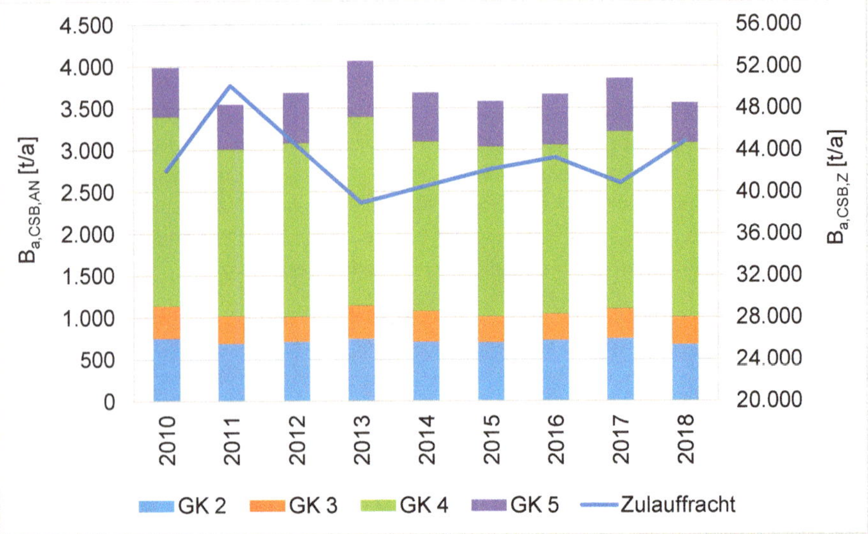

Abbildung 26: CSB-Frachten der Anlagen GK 2 bis 5, basierend auf den Jahresmitteln der Eigenkontrollen

Da ein Feststoffabtrieb ebenfalls die CSB-Ablaufkonzentration negativ beeinflusst, würde eine verbesserte Feststoffabtrennung auch eine Reduktion der CSB-Ablauffracht bewirken. Abbildung 26 zeigt den Verlauf der kumulierten CSB-Frachten aus den Größenklassen 2 bis 5 der Jahre 2010 bis 2018. Die Werte basieren auf den angegebenen Daten in den Eigenkontrollberichten. In jeder Wertereihe war mindestens ein Messwert der 2 h-Probe oder der 24 h-Probe gegeben. Lagen Daten zu 2 h-Proben und 24 h-Proben vor, wurde jeweils der Wert der 24 h-Proben zur Auswertung verwendet.

Die CSB-Zulauffrachten weisen in den Jahren 2010 bis 2018 Schwankungen auf. Die Ablauffrachten korrelieren dabei nicht mit den Zulauffrachten. Tendenziell ist keine Zu- oder Abnahme der CSB-Ablauffrachten erkennbar. Beim Vergleich des Verlaufs der CSB-Ablauffrachten mit den N_{ges}-Frachten im Zeitraum 2010 bis 2018 sind ähnliche Schwankungen erkennbar. Da keine CSB-Daten zu den Vorjahren verfügbar sind, ist keine fundierte Aussage zu einem tendenziellen Abfall der CSB-Fracht möglich. Deshalb kann ein genereller Einfluss der Phosphorelimination auf eine verbesserte Absetzbarkeit des Schlamms, die sich korrespondierend auch in geringeren N_{ges}- oder CSB-Ablaufwerten erkennen ließe, nicht bestätigt werden. Aus diesem Grund wird der Einfluss der Phosphorelimination auf N_{ges} und CSB für einzelne Anlagen in Kapitel 5 näher untersucht.

3.4 Fällmittelmengen

Die Werte zum Fällmittelverbrauch sind den Eigenkontrollen entnommen und auf Plausibilität geprüft. In Einzelfällen sind unplausible Werte gegeben, die auf fehlende Kommata schließen lassen. Die fehlerhafte Dateneingabe wurde für die Auswertung korrigiert, so dass sich ein Verlauf des Fällmittelverbrauchs entsprechend Abbildung 27 ergibt.

Erkennbar sind zwei ausgeprägte Anstiege im Fällmittelverbrauch. Der erste Anstieg zeichnet sich in den Jahren 2009 bis 2011 zu Beginn des ersten MP zur Phosphatreduktion ab. Der zweite starke Anstieg erfolgt seit dem Jahr 2015 mit der Forderung geringerer Phosphat-Ablaufkonzentrationen nach MP 2015 bis 2021. Auffällig ist unter anderem, dass der Verbrauch an Fällmittel bei den Anlagen der Größenklasse 2 um das 1,6-fache vom Jahr 2017 zum Jahr 2018 gestiegen ist. Im Vergleich zum Jahr 2014, dem Jahr vor dem aktuellen MP, hat sich der Fällmittelverbrauch der Anlagen der Größenklasse 2 um mehr als den Faktor 4 erhöht. Die Anlagen der Größenklassen 3 und 4 verzeichnen einen leichten Anstieg des Fällmittelverbrauchs gegenüber dem Jahr 2014, während der Verbrauch auf den beiden Anlagen der Größenklassen 5 nicht weiter gestiegen ist. Insgesamt hat sich der Fällmittelverbrauch insgesamt gegenüber den Jahren 2005 bis 2008 zum Jahr 2018 nahezu verdoppelt.

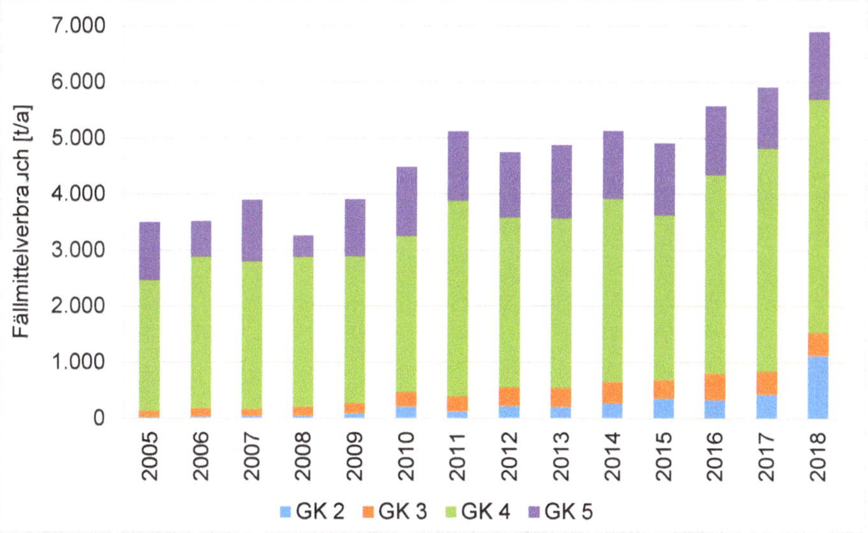

Abbildung 27: Verbrauch an aluminium- oder eisenhaltigen Fällmitteln nach Eigenkontrolldaten

Es ist zu berücksichtigen, dass die Daten zum Fällmittelverbrauch nicht den Gehalt an Wirksubstanz bzw. an wirksamen Kationen implizieren. Der Fällmittelverbrauch wird lediglich in Masseeinheiten angegeben, ohne die unterschiedlichen Wirksubstanzgehalte und die

Art des wirksamen Kations zu berücksichtigen. Eisen(II)-Sulfat enthält zum Beispiel üblicherweise bis zu 195 g Eisen pro kg Fällmittel. Das entspricht bei einer molaren Masse des Eisens von 55,845 g/mol einem Wirksubstanzgehalt von 3,49 mol/kg. Hingegen enthält Aluminium-Eisen(III)-Chlorid eine Wirksubstanz von 0,88 mol/kg. Um durch Einsatz von Aluminium-Eisen(III)-Chlorid denselben Wirksubstanzgehalt wie bei Verwendung von Eisen(II)-Sulfat zu erhalten, wird die 4-fache Fällmittelmenge benötigt. Aus den Eigenkontrollberichten kann keine Aussage über den tatsächlichen Verbrauch an Wirksubstanz abgeleitet werden.

Als Alternative zu Fällmitteln, deren Wirkung auf Eisen- oder Aluminium-Ionen basiert, dient Kalkmilch. Kalkmilch wird nur auf einzelnen Anlagen und in einzelnen Jahren unterschiedlich oft verwendet. Der Verlauf des Verbrauchs stellt sich entsprechend Abbildung 28 dar.

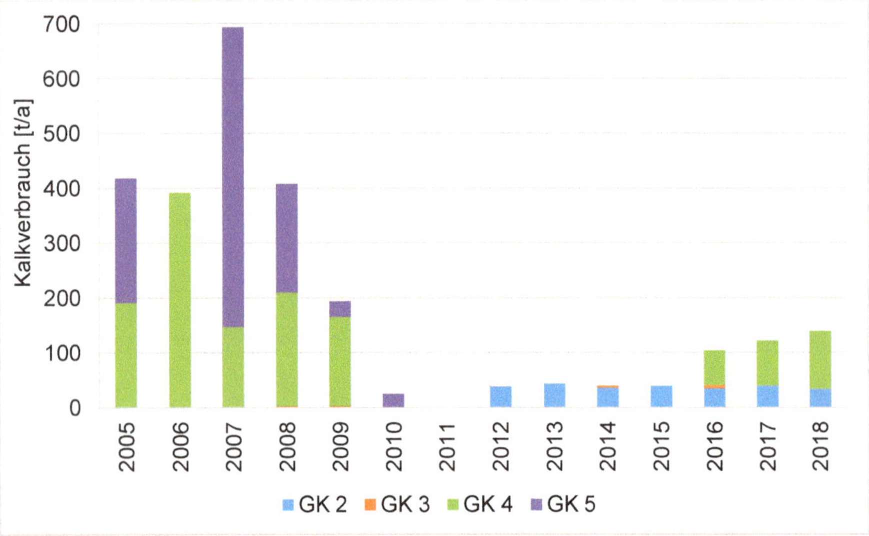

Abbildung 28: Verbrauch an Kalk nach Eigenkontrolldaten

Der Gesamtverbrauch an Kalk der Größenklasse 5 resultiert aus dem Einsatz auf der Anlage Marburg-Cappel. Bei den Anlagen der Größenklasse 3 wird lediglich auf der Anlage in Neustadt Kalk verwendet. Die Verbrauchsmasse der Größenklasse 4 setzt sich aus Einsätzen auf unterschiedlichen Anlagen zusammen. Auf den folgenden Anlagen der Größenklasse 4 wurde nach Eigenkontrollberichten Kalk zur Abwasserbehandlung verwendet:

- 2005: Weilburg, Runkel-Steeden,
- 2006: Weilburg, Runkel-Steeden, Dauphetal,
- 2007: Runkel-Steeden, Dauphetal,
- 2008: Runkel-Steeden, Dauphetal, Kirchhain,
- 2009: Runkel-Steeden, Dauphetal,

- 2016: Biedenkopf-Wallau,
- 2017: Biedenkopf-Wallau, Lollar,
- 2018: Weilmünster.

Anders als bei aluminium- oder eisenhaltigen Fällmitteln liegt der Wirksubstanzgehalt der Kalkmilch konstant bei 376 g pro kg Kalkmilch (vgl. Tabelle 1).

3.5 Aufsalzung der aufnehmenden Wasserkörper

Relevante Salze im Zusammenhang mit der Phosphatfällung sind vor allem Chloride und Sulfate. Weil chloridhaltige Fällmittel häufiger im Einsatz sind, wird der Sachverhalt der Aufsalzung exemplarisch an Chlorid untersucht.

Auf Grundlage des Fällmittelverbrauchs können die entstehenden Chloridfrachten abgeschätzt werden. Vereinfacht wurde Eisen(III)-Chlorid als eingesetztes Fällmittel mit einem Wirksubstanzgehalt von 138 kg Fe/kg FM angenommen. Für jedes Mol Eisen, das mit Phosphat reagiert, entstehen ca. 3 Mol Chlorid-Ionen, die aus der Kläranlage emittieren. Es wird davon ausgegangen, dass nach dieser Berechnung die maximale Menge an Chlorid-Ionen entsteht. Entsprechend ergeben sich die Emissionen gemäß der Abbildung 29.

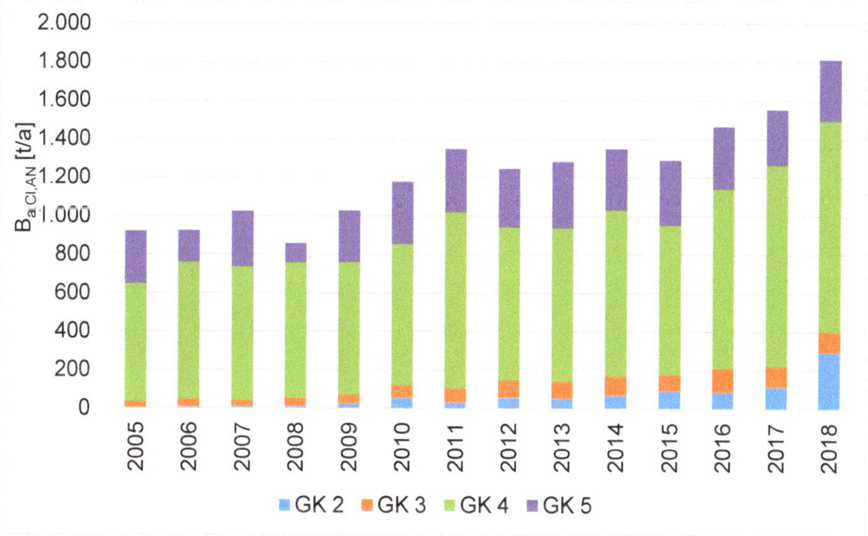

Abbildung 29: Abgeschätzte Chloridfracht der Jahre 2005 bis 2018, basierend auf dem Fällmittelverbrauch

Vom Jahr 2008 bis 2018 steigt die Chloridfracht um 960 t/a. Im schlechtesten Fall hat sich der Salzeintrag in den Bewirtschaftungszyklen seitens der Kläranlagen ins Gewässer mehr als verdoppelt. Besonderer Fokus liegt dabei auf GK 2 und GK 4. Nach dieser Abschätzung macht Größenklasse 2 fast ein Drittel der zusätzlichen Chloridemissionen aus. Der Anstieg der Chloridfracht vom Jahr 2008 bis 2018, der durch Größenklasse 4 entsteht, liegt bei 390 t.

Die Anforderungen an den Chloridgehalt im Gewässer liegen nach OGewV (2016) für einen sehr guten ökologischen Zustand bei einer maximalen Chlorid-Konzentration von 50 mg/l. Für einen guten ökologischen Zustand gilt ein Orientierungswert von 200 mg/l Cl. Der Wert wird als Mittelwert der Jahresmittel von maximal drei aufeinander folgenden Jahren nachgewiesen [OGewV (2016)]. Alle Wasserkörper (WK) halten die Anforderung an einen guten ökologischen Zustand deutlich ein. Der maximale Mittelwert liegt bei 110 mg/l. Dabei überschreiten nur 9 von 53 Wasserkörpern die Anforderung an einen sehr guten ökologischen Zustand im Gewässer. Die Ursachen dafür werden bei dieser Betrachtung nicht eruiert, so dass eine Aussage zum direkten Einfluss der Phosphatfällung auf den erhöhten Chloridgehalt in den Gewässern nicht getroffen werden kann. Da gemäß WRRL der gute ökologische Zustand angestrebt wird, ist zu konstatieren, dass trotz des Eintrages der zusätzlichen Chloridfrachten der Orientierungswert für diesen guten ökologischen Zustand der Gewässer um 45 % unterschritten wird und damit keine Gefährdung der Gewässer in dieser Hinsicht einhergeht. Der Einfluss der Phosphorelimination wird exemplarisch für einzelne Anlagen in Kapitel 5 untersucht.

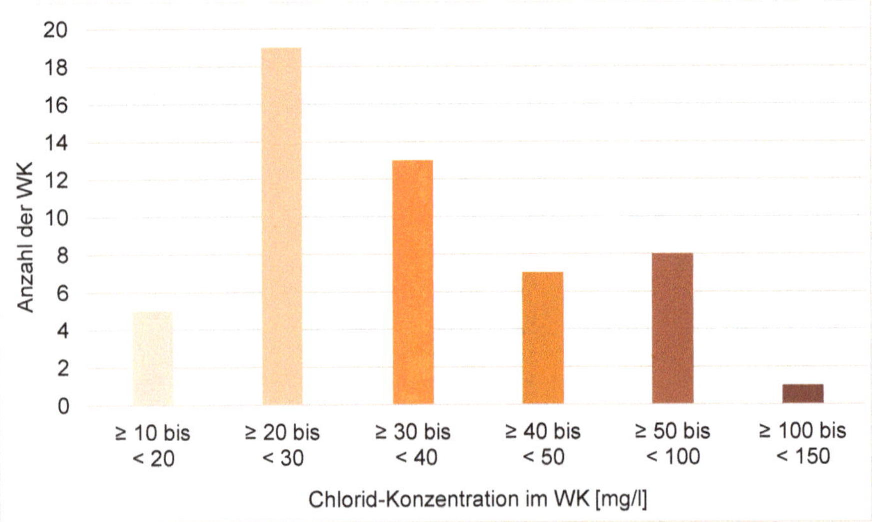

Abbildung 30: Klassifizierung der mittelhessischen Wasserkörper nach der Chloridkonzentration, basierend auf dem Mittelwert der letzten drei Jahresmittel (Daten des HLNUG, Stand: 13.02.2020)

Für Sulfate gilt ein Orientierungswert von 75 mg/l bis 220 mg/l für einen guten ökologischen Zustand in Abhängigkeit vom Gewässertyp. Die Belastung der Gewässer mit Sulfat wird an dieser Stelle nicht untersucht, da wegen der deutlich selteneren Verwendung von sulfathaltigen Fällmitteln der Einfluss der Fällung auf den Sulfatgehalt im Wasserkörper als gering eingeschätzt wird.

3.6 Aktueller Zustand 2019

In diesem Abschnitt werden die Phosphat-Ablaufkonzentrationen nach Auswertung der Eigenkontrollen des 1. Halbjahres 2019 dargestellt. Dazu werden 14 Anlagen betrachtet, für die das RP Gießen als Obere Wasserbehörde direkt zuständig ist und für die dem RP Gießen Daten zum Stand November 2019 vorliegen. Diese Anlagen werden im Folgenden anonym behandelt und auf deren P_{ges}- und PO_4-P-Ablaufkonzentration untersucht. Gleichzeitig werden die P_{ges}-Werte anhand des zugehörigen Überwachungswertes eingeordnet.

Gemäß § 6 Absatz 1 der AbwV (2004) gilt ein Überwachungswert als eingehalten, wenn 4 der letzten 5 gemessenen Werte der Staatlichen Abwasseruntersuchung mindestens den Überwachungswert erreichen und keiner der Werte den Überwachungswert um mehr als 100 % übersteigt. In Abbildung 31 wird der Einzelwert der Eigenkontrollen als Überwachungswert behandelt. Auf diese Weise wird das Potenzial für eine mögliche Überschreitung der Anforderung eingeschätzt.

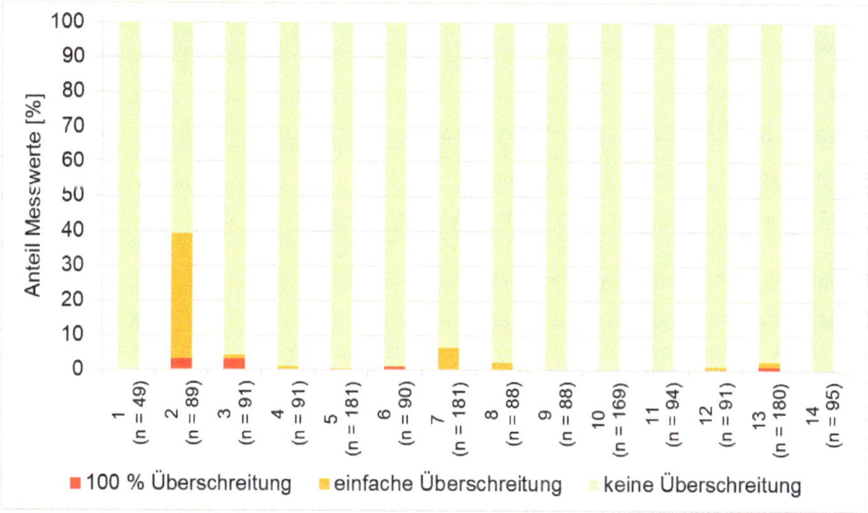

Abbildung 31: Einordnung der P_{ges}-Einzelwerte der Eigenkontrollen als Überwachungswert im 1. Halbjahr 2019, jeweils mit Gesamtzahl der Messungen n

Abbildung 31 zeigt, dass bei den meisten Anlagen die Anforderungen an den Überwachungswert bezogen auf die Eigenkontrollwerte eingehalten werden. Lediglich bei einigen wenigen Anlagen kommt es zu 100 %-Überschreitungen. Eine Ausnahme bilden die Anlagen 2 und 3, bei denen der Wert mehrmals überschritten wird. In Abbildung 32 sind die Einzelwerte der Eigenkontrollen dargestellt.

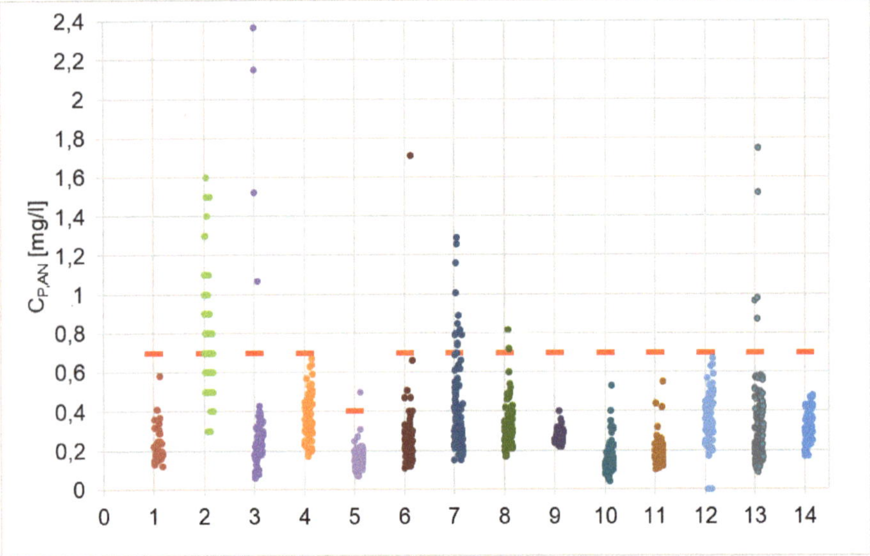

Abbildung 32: P_{ges}-Einzelwerte der Eigenkontrollen vom 1. Halbjahr 2019 sowie Anforderung an den Überwachungswert

Die Monatsmittel der Eigenkontrollwerte von Gesamtphosphor und die 80-Perzentilwerte für PO_4-P als Nachweis für die Anforderungen des MP sind für das erste Halbjahr 2019 in Abbildung 33 und Abbildung 34 dargestellt.

Die Monatsmittel der Gesamtphosphor-Ablaufkonzentration werden überwiegend eingehalten. Eine Ausnahme bildet die Anlage 2, bei der das P_{ges}-Monatsmittel im 1. Halbjahr 2019 in keinem Monat eingehalten werden kann. Bei der Einhaltung des 80-Perzentilwertes für PO_4-P hingegen gibt es bei etwa der Hälfte der Anlagen Schwierigkeiten. Bei ca. einem Viertel der Anlagen kann der Wert noch für einzelne Monate eingehalten werden. Ein weiteres Viertel überschreitet den geforderten Wert in jedem Monat des 1. Halbjahres. Für Anlage 5 liegen für den gewählten Zeitraum keine PO_4-P-Werte vor, sodass für diese Anlage keine Aussage getroffen werden kann.

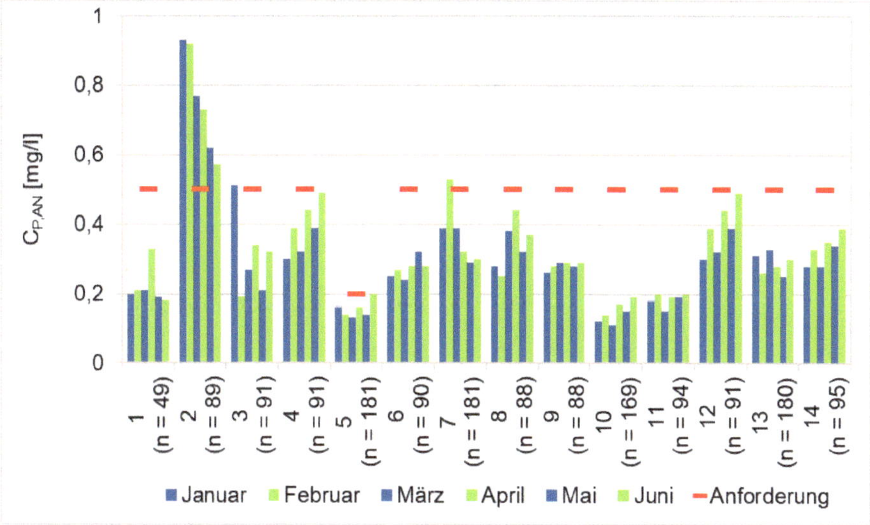

Abbildung 33: Monatsmittel der P_{ges}-Ablaufkonzentration der Eigenkontrolldaten vom 1. Halbjahr 2019, jeweils mit Gesamtzahl der Messungen n

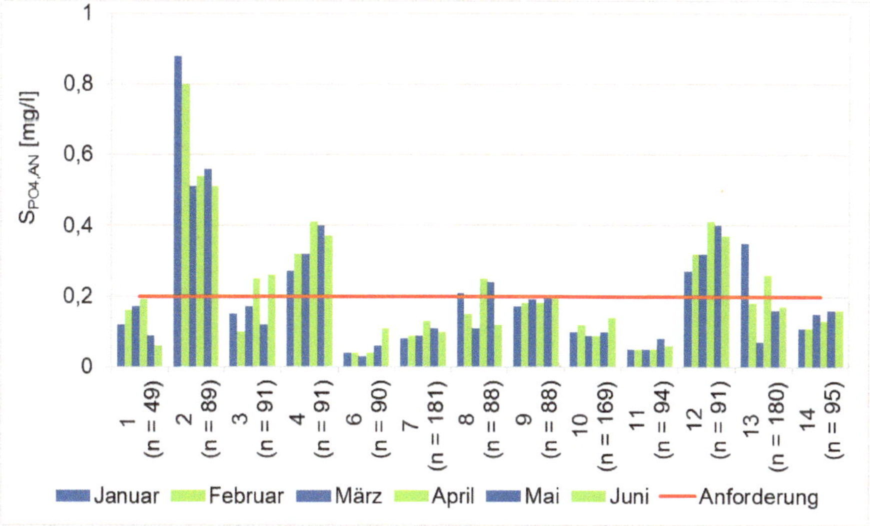

Abbildung 34: 80-Perzentilwerte der PO_4-P-Ablaufkonzentration der Eigenkontrolldaten vom 1. Halbjahr 2019, jeweils mit Gesamtzahl der Messungen n

Nach Umsetzung der im weiteren Verlauf dieser Studie diskutierten und angestrebten Maßnahmen, in Mittelhessen bzw. in Gesamthessen, ist im Rahmen einer weiteren Erfolgskontrolle zu überprüfen, ob eine Anpassung der Anforderungen an die Phosphatkonzentrationen erforderlich ist. In diesem Zusammenhang wird eine Anpassung der Datenerfassung im Fachinformationssystem Hessische Abwasseranlagen (FIS-HAA) für eine integrierte Datenanalyse empfohlen.

4 Datenerhebung zu ausgewählten kommunalen Kläranlagen in Bezug auf die Phosphorelimination

4.1 Kriterien zur Auswahl der zu befragenden Kläranlagen

Um Informationen zur Umsetzung der Phosphorelimination, zu Betriebserfahrungen der Kläranlagenbetreiber und zu Erkenntnissen in Bezug auf die Umsetzungsmaßnahmen zu erhalten, wurde eine Befragung ausgewählter Kläranlagen zur Phosphorelimination durchgeführt. Die Auswahl der zu befragenden Kläranlagen basiert auf einer Anlagentypisierung nach scharfen Kriterien wie Größenklasse, Über- oder Unterschreitung der Anforderungen nach MP sowie angewandter Verfahrenstechnik. Auf Grund der höheren Anzahl an Anlagen in den Größenklassen 2 und 4 werden diese im Rahmen der Typisierung tiefergehender spezifiziert als die Größenklassen 3 und 5.

Für Anlagen der Größenklasse 2 ergibt sich entsprechend eine Klassifizierung nach Über- bzw. Unterschreitung der P_{ges}-Konzentration von 1,0 mg/l bezogen auf die EKVO-Werte. Auf nächster Ebene wird eine Differenzierung nach Verfahrenstechnik (Abwasserteichanlagen, SBR-Anlagen und Belebtschlammverfahren) vorgenommen.

Auch für Größenklasse 3 gilt das Typisierungsmerkmal der Über- bzw. Unterschreitung in Bezug auf die P_{ges}-Konzentration von 1,0 mg/l. Eine weitere Spezifizierung wird aufgrund der geringen Anzahl von 16 Kläranlagen nicht weiter durchgeführt.

Für Größenklasse 4 gilt eine Einteilung nach Über- bzw. Unterschreitung der P_{ges}-Anforderung von 0,5 mg/l der EKVO-Werte. Weiterhin werden die Kläranlagen nach Schlammstabilisationsverfahren differenziert, so dass auch eine Unterscheidung nach einer möglichen Prozesswasserrückbelastung erfolgt.

Als Typisierungsmerkmal der Größenklasse 5 gilt die Über- bzw. Unterschreitung der P_{ges}-Anforderung von 0,2 mg/l der EKVO-Werte.

Zur Konkretisierung der Auswahl an Kläranlagen wurden im Rahmen von Begleitgesprächen unscharfe Kriterien definiert. Der Fokus liegt auf Kläranlagen, welche die Anforderungen des MP einhalten, so dass umgesetzte Maßnahmen und Betriebserfahrungen sowie entsprechende Randbedingungen genau geprüft werden können. Außerdem wurden Anlagen für die Befragung berücksichtigt, bei denen die Reinigungsleistung in den letzten Jahren stark gestiegen ist, so dass sie im Jahr 2018 einen P_{ges}-Ablaufwert unterhalb der Anforderung aufweisen. Weiterhin wurde eine Bandbreite an unterschiedlichen Verfahrenstechniken berücksichtigt. Für die Befragung waren zudem Anlagen relevant, bei denen bekanntermaßen das Betriebspersonal über vertiefte Erfahrungen mit der Phosphorelimination verfügt und eine hohe Bereitschaft zur Mitwirkung an dieser Studie vorhanden ist.

Tabelle 9 liefert einen Überblick der bezüglich Phosphorelimination befragten Anlagen. Die mit einem roten Kreuz gekennzeichneten Anlagen konnten die Anforderung nach MP an den Betriebswert der P_{ges}-Ablaufkonzentration im Jahresmittel nicht einhalten. Die mit einem grünen Häkchen gekennzeichneten Anlagen hingegen weisen 2018 sehr gute Ablaufkonzentrationen auf, die unterhalb der Hälfte des geforderten Wertes liegen.

Tabelle 9: Zusammenstellung der zur Phosphorelimination befragten Anlagen

GK	**KA**	**Ausbaugröße [EW]**	**Anforderung***	**Reinigungsstufen b+p+…**			**Art der biologischen Reinigung**	**Fällung**	**Bio-P**
				m	n	d			
2	1	1.200			x		Abwasserteichanlage, Tauchkörper	x	
	2	2.200	✓		x		Belebtschlammverfahren	x	
	3	2.500	×				Abwasserteichanlage	x	
	4	2.500	×				Abwasserteichanlage, Festbett	x	
	5	3.000	✓		x	x	Tauchkörper	x	
	6	3.700	✓		x	x	SBR	x	x
	7	3.700	✓		x	x	SBR	x	
	8	4.000	✓		x	x	Belebtschlammverfahren	x	
3	9	9.000	✓		x	x	vorhanden	x	
4	10	10.500	✓		x	x	Belebtschlammverfahren	x	x
	11	11.500	✓		x	x	Belebtschlammverfahren	x	x
	12	11.500	✓		x	x	Belebtschlammverfahren	x	
	13	12.000	✓		x	x	vorhanden	x	
	14	13.000	✓		x	x	Belebtschlammverfahren	x	
	15	15.000	✓		x	x	vorhanden	x	
	16	19.000		x	x	x	vorhanden	x	
	17	27.000	✓	x	x	x	Belebtschlammverfahren	x	
	18	40.000		x	x	x	vorhanden	x	
	19	42.600		x	x	x	Belebtschlammverfahren	x	
	20	68.000	✓	x	x	x	Belebtschlammverfahren	x	x
	21	78.000		x	x	x	Belebtschlammverfahren	x	
	22	99.000		x	x	x	Belebtschlammverfahren	x	x
5	23	155.000	×	x	x	x	Belebtschlammverfahren	x	

m: mechanische Reinigung b: biologische Reinigung n: Nitrifikation d: Denitrifikation
p: Phosphorelimination
✓: Ablaufkonzentrationen unterhalb der Hälfte des geforderten Wertes nach MP
×: Anforderung nach MP überschritten

Nach Berücksichtigung der Kriterien ergeben sich 23 Kläranlagen für die Befragung. Die größte Anzahl findet sich in den Größenklassen 2 und 4. Die Reinigungsleistungen und Ablaufkonzentrationen der Jahre 2005 bis 2018 der ausgewählten Anlagen sind zudem in Anhang 1 dargestellt.

4.2 Aufbau des Fragebogens

Der Fragebogen ist in fünf Teile gegliedert. Der erste Teil enthält allgemeine Angaben zur Kläranlage wie Name und Ansprechpartner. Beim zweiten Teil wird der Aufbau der Anlage abgefragt. Er setzt sich zusammen aus Fragen zu Verfahrensschema bzw. Anlagenteilen, Schlammanfall, Prozesswasser, Denitrifikation sowie möglichen Filter- und Desinfektionsverfahren. Der dritte Teil befasst sich mit den Verfahren zur Phosphorelimination. Zunächst ist zu nennen, welche Maßnahmen bezüglich Phosphorelimination in den letzten Jahren durchgeführt wurden und zu welchem Zeitpunkt diese umgesetzt wurden. Weiterhin unterteilt sich der Abschnitt des Fragebogens in

- Anlagen mit P-Fällung,
- Anlagen mit biologischer Phosphorelimination,
- Betriebserfahrungen mit der Phosphorelimination und
- Aufwand bezogen auf die Phosphorelimination.

In Bezug auf Anlagen mit P-Fällung wurden Fällungsverfahren, Steuerungs- und Regelungskonzept, Dosierstelle, Informationen zum Fällmittel wie Art, Verbrauch und K_P-Wert sowie pH-Wert im Flockungsbereich, Gewährleistung der Einmischung, mögliche Zugabe von Flockungshilfsmitteln und möglicher Abwasseranteil von industriellen Indirekteinleitern befragt. Bei Anlagen mit biologischer Phosphorelimination wurden Fragen nach der Art der biologischen Phosphorelimination und einer möglichen Konditionierung des Schlamms gestellt. Um eine Aussage über Schwankungsbreite und Kontinuität der Reinigungsleistung treffen zu können, sind dem Fragebogen im vierten Teil Einzelwerte der Eigenkontrollen von 2018 bis Oktober bzw. November 2019 beizufügen. Im fünften und letzten Teil können sonstige Anmerkungen gemacht werden. Ein Musterfragebogen ist als Anhang 2 beigefügt.

4.3 Auswertung der Datenerhebung

Von 23 verschickten Fragebögen wurden 14 beantwortet, das entspricht einer Rücklaufquote von 60 %. Die Qualität der beantworteten Fragebögen weist teilweise starke Unterschiede auf. Während die überwiegende Zahl der Anlagenbetreiber die meisten Fragen beantwortet hat, lieferten Einzelne lediglich eine kurze Beschreibung der Phosphorelimination. Die wesentlichen Inhalte der beantworteten Fragebögen werden im Folgenden erläutert. Eine Zusammenstellung der Daten ist als Anhang 3 beigefügt.

Der Rücklauf der Befragung setzt sich wie folgt zusammen:

- 5 von 8 Fragebögen aus Größenklasse 2,
- 0 von 1 Fragebogen aus Größenklasse 3,

- 8 von 13 Fragebögen aus Größenklasse 4 und
- 1 von 1 Fragebogen aus Größenklasse 5.

Bei zwei Anlagen der Größenklasse 2 liegt ein Belebtschlammverfahren vor. Weitere zwei Anlagen sind Abwasserteichanlagen. Davon weist eine Anlage zusätzlich einen Festbettreaktor auf. Eine der insgesamt fünf Anlagen verwendet zur biologischen Abwasserreinigung das SBR-Verfahren. Die biologische Behandlung der Anlagen aus den Größenklassen 4 und 5 werden im Belebtschlammverfahren praktiziert.

Lediglich 4 der 23 Anlagen betreiben eine erhöhte biologische Phosphoraufnahme. Genauer gesagt wird Bio-P auf der SBR-Anlage der Größenklasse 2 sowie auf 3 Anlagen der Größenklasse 4 umgesetzt. Bei den Anlagen der Größenklasse 4 mit Bio-P ist der Belebung jeweils ein anaerobes Becken vorgeschaltet. Die Anteile des Volumens des Anaerob-Beckens am gesamten Volumen der Belebung variieren dabei von 13 % bis 23 %.

Alle befragten Anlagen weisen eine chemisch-physikalische Phosphatfällung auf. Die Verteilung der Fällungsverfahren ist in Tabelle 10 zusammengefasst.

Tabelle 10: Verteilung der Fällungsverfahren der ausgewerteten Kläranlagen

GK	alle	2	4	5
1-Punktfällung	9	5	4	0
2-Punktfällung	4	0	4	0
3-Punktfällung	1	0	0	1
Vorfällung	1	0	1	0
Simultanfällung	14	5	8	1
Nachfällung	0	0	0	0

Etwa zwei Drittel der befragten Anlagen weisen eine 1-Punktfällung auf. Auf den restlichen Anlagen wird entweder an zwei oder sogar an drei verschiedenen Stellen Fällmittel dosiert. Die Fällungsart entspricht immer einer Simultanfällung. Lediglich in einer Kläranlage der Größenklasse 4 erfolgt die Dosierung als Vorfällung im Zusammenhang mit einer 2-Punktfällung. Die konkrete Verteilung der Dosierstellen ist in Abbildung 35 dargestellt.

Die befragten Anlagen weisen in Summe 20 Dosierstellen auf. In den meisten Fällen erfolgt die Dosierung in den Zulauf der Belebung (7 von 20 Dosierstellen) oder direkt in die Belebung (5 von 20 Dosierstellen). Es ist anzumerken, dass auf keiner Anlage eine Dosierung in den Zulauf des Sandfangs erfolgt. Das Fällmittel auf allen Anlagen der Größenklasse 2 wird entweder in den Zulauf der Belebung oder direkt in die Belebung gegeben. Bei Anlagen mit Mehrpunktfällung ist hinsichtlich der Kombination aus Dosierstellen keine präferierte Variante festzustellen.

Als Fällmittel werden auf den befragten Anlagen sowohl aluminiumhaltige als auch eisenhaltige Chemikalien verwendet. Basisch reagierende Fällmittel wie Kalkmilch oder Natriumaluminat werden nicht eingesetzt. Die verwendeten Fällmittel sind in Abbildung 36 dargestellt. Der blau eingefärbte Bereich bezieht sich auf eine 1-Punktfällung, grün für 2-Punktfällung und orange auf 3-Punktfällung. Auf drei Kläranlagen kommen mehrere Fällmittelarten zum Einsatz. Dabei haben zwei Kläranlagen eine Mehrpunktfällung mit unterschiedlichen Fällmitteln an den jeweiligen Dosierstellen. Eine Kläranlage mit 1-Punktfällung hat angegeben, sowohl PAC als auch Eisen(III)-chlorid einzusetzen.

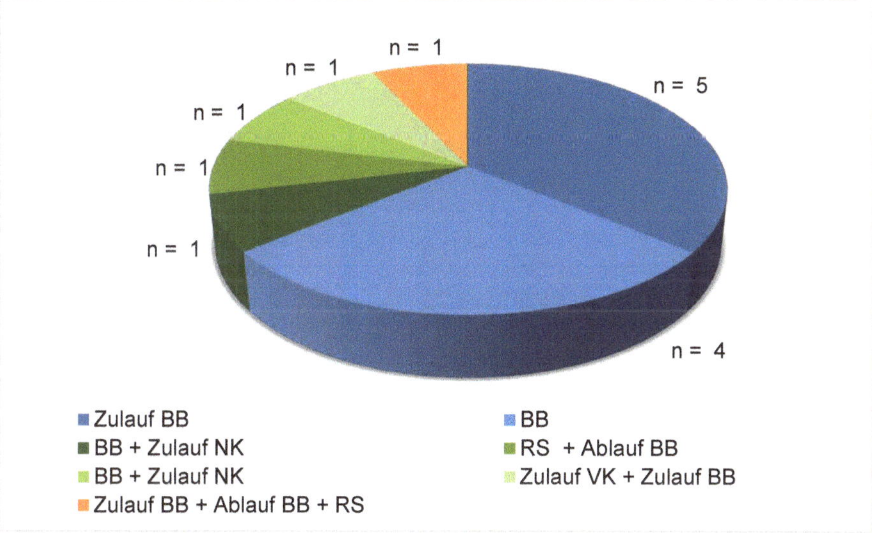

Abbildung 35: Verteilung der Dosierstellen (n: Anzahl KA)

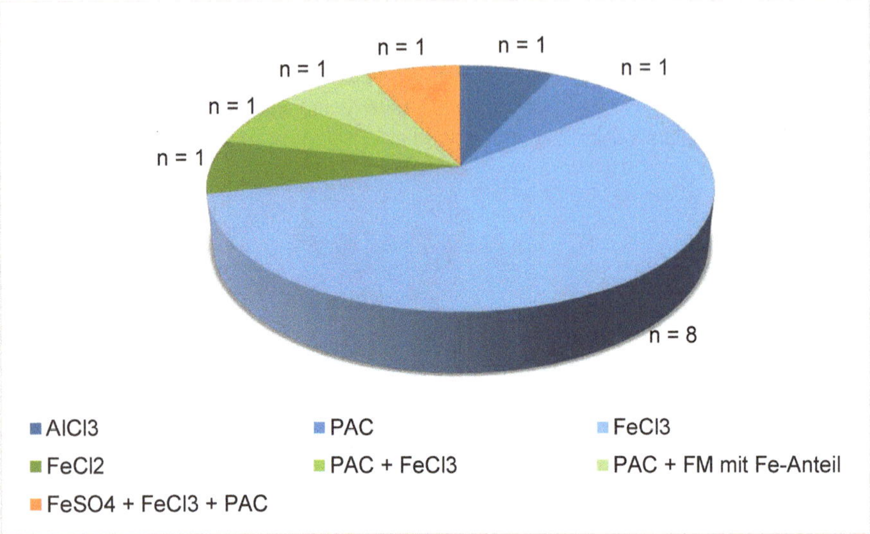

Abbildung 36: Verteilung der Fällmittelarten (n: Anzahl KA)

Die Effektivität der Fällung hängt unter anderem davon ab, wie gut das Fällmittel in den Abwasserstrom gemischt wird. Aus diesem Grund wurde die Einmischung des Fällmittels im Fragebogen abgefragt. Die Auswertung kann Abbildung 37 entnommen werden. Bei einem Drittel der befragten Anlagen wird die Einmischung durch einen hydraulischen Wechselsprung gewährleistet. Bei einer Kläranlage wurden keine Angaben zur Einmischung gemacht.

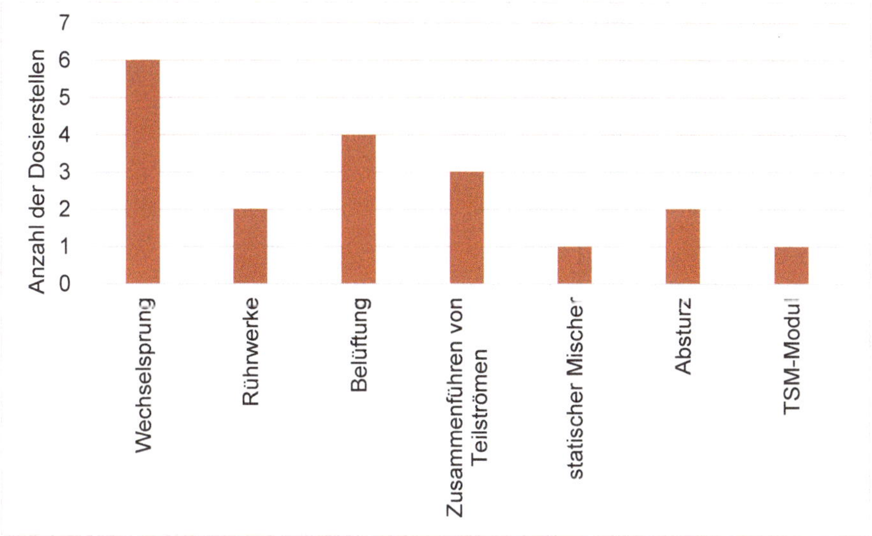

Abbildung 37: Häufigkeit der angewendeten Maßnahmen zur Gewährleistung der Fällmitteleinmischung an den Dosierstellen

Neben einer guten Einmischung des Fällmittels spielt die Mess-, Steuer- und Regelungsstrategie (MSR-Strategie) der Anlage eine relevante Rolle, um eine Fällung effektiv zu betreiben und einen unnötig hohen Verbrauch an Fällmitteln zu vermeiden. Abbildung 38 zeigt, welche Strategien die befragten Anlagen zur Phosphorelimination einsetzen.

Auf Anlagen mit 1- oder 2-Punktfällung wird entweder eine zeitabhängige, konstante Dosiermenge zugegeben oder es erfolgt eine geregelte Fällmittelzugabe. Bei den zwei Kläranlagen mit 2-Punktfällung und der kombinierten MSR-Strategie wird zuerst konstant dosiert. Anschließend folgt eine geregelte Dosierung an der zweiten Dosierstelle. Bei der Anlage mit 3-Punktfällung wird an der dritten Dosierstelle eine konstante Menge zugegeben, während die Mengen der ersten und zweiten Zugabestelle gesteuert werden. Tabelle 11 zeigt die auf den befragten Anlagen angewendeten Kombinationen von Mess- und Dosierstelle für gesteuerte oder geregelte Fällmitteldosierungen.

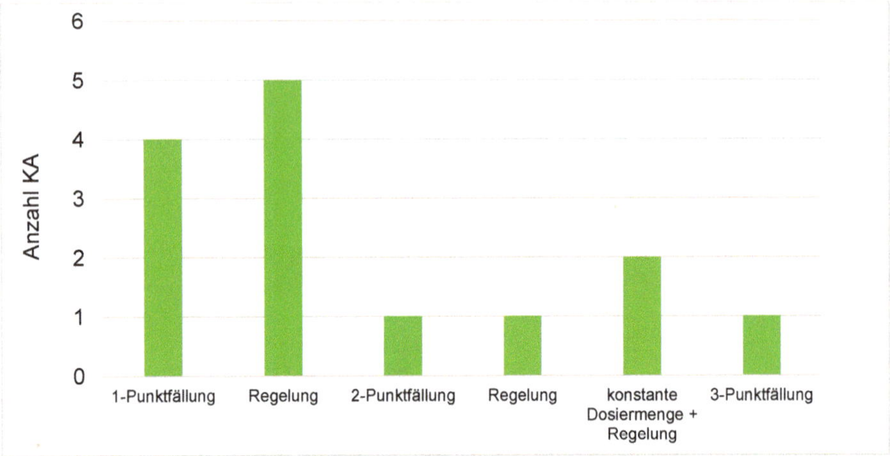

Abbildung 38: Übersicht der MSR-Strategien in Abhängigkeit von der Fällungsart

Tabelle 11: Übersicht der angewendeten Kombinationen von Mess- und Dosierstelle

Fällungsart	Ort der Messung	Dosierstelle			
		Zulauf BB	BB	Ablauf BB	Zulauf NK
1-Punkt-Fällung	BB	x			
	Ablauf BB		2x	x	
2-Punkt-Fällung	Ablauf BB	x		x	
	Zulauf NK		x		
	Ablauf Kläranlage				x
3-Punkt-Fällung	Zulauf BB	x			
	Ablauf BB				x

Zur Unterstützung der Flockenbildung können Polymere als Flockungshilfsmittel eingesetzt werden. 11 der 14 Anlagenbetreiber haben angegeben, keine Polymere zu verwenden. Lediglich zwei Anlagen dosieren Polymere, wobei das Flockungshilfsmittel auf einer der beiden Anlagen nur bei Regen zum Einsatz kommt. Ein Kläranlagenbetreiber hat keine Angaben zum Polymereinsatz gemacht.

Neben einer Verringerung der Phosphatfracht im Ablauf der Kläranlage wurden folgende weitere Ziele genannt, die mit der Dosierung des Fällmittels angestrebt werden:

- Schwefelbindung im Faulturm und
- Bekämpfung von Fadenbakterien in den Wintermonaten.

Auf zwei Anlagen treten Phosphatfrachtstöße im Zulauf der Anlage auf. Auf einer der beiden Anlagen wurden bis dato keine Maßnahmenansätze gefunden, um den Stößen entgegenzuwirken. Auf der zweiten Anlage wird auf Basis einer frühzeitigen Identifikation der Frachtstöße die Dosiermenge des Fällmittels erhöht.

Einflüsse durch Fremdwasser oder Auffälligkeiten im Gewässer konnten auf keiner Anlage festgestellt werden.

Einige Kläranlagenbetreiber haben angegeben, dass aus der P-Fällung positive Nebeneffekte resultieren. Bei den genannten Nebeneffekten handelt es sich um:

- einen verbesserten CSB-Ablaufwert,
- die Unterbindung der Bildung von Fadenalgen und
- ein verbessertes Absetzverhalten im Nachklärbecken.

Eine weitergehende Phosphorelimination geht teilweise mit negativen Auswirkungen einher. Folgende Probleme, Störungen und negativen Effekte wurden genannt:

- technische Einrichtung zur optimierten Fällmitteleinmischung (Intech TSM-Modul) wurde durch starke Abwasserströmung abgerissen,
- starke, orangefarbene Ablagerungen in Eindicker oder Nachklärbecken,
- stärkere Korrosion an metallischen Bauteilen,
- Ablagerungen von Magnesium-Ammonium-Phosphat (MAP) in den Rohrleitungen der Faultürme und
- Probleme mit der Messtechnik.

Zusätzlich wird aufgrund der gering frequentierten Eigenkontrollen bei kleineren Anlagen tendenziell überdosiert, wodurch erhöhte Kosten und Gewässerbelastungen durch Chlorid und Sulfat sowie Spurengehalte an Schwermetallen und organischen Halogenverbindungen im Fällmittel entstehen.

Die Bildung von MAP wurde auf einer Anlage mit Bio-P beobachtet. Den Ablagerungen wurde durch eine Erhöhung der Dosiermenge an Eisen(III)-Chlorid, das zur Nassentschwefelung genutzt wird, entgegengewirkt. Durch die erhöhte Zugabe von Eisen(III)-Chlorid hat sich laut Angaben des Betreibers zudem die Phosphatfracht im Trübwasser vermindert.

Das Betreiben einer erhöhten Phosphorelimination geht mit einem erhöhten Personaleinsatz und Kostenaufwand einher. In Abbildung 39 ist der spezifische Personalaufwand in Bezug auf die tatsächliche Belastung der Anlage dargestellt. Die Abbildung zeigt, dass der spezifische Personalaufwand für kleinere Anlagen vergleichsweise hoch ist und stark variiert. Für Anlagen mit einer tatsächlichen Belastung von bis zu 25.000 EW schwankt der Wert in einem Bereich von 0,003 h/(EW·a) bis 0,037 h/(EW·a). Bei größeren Anlagen über 25.000 EW beträgt der spezifische Personalaufwand maximal 0,004 h/(EW·a).

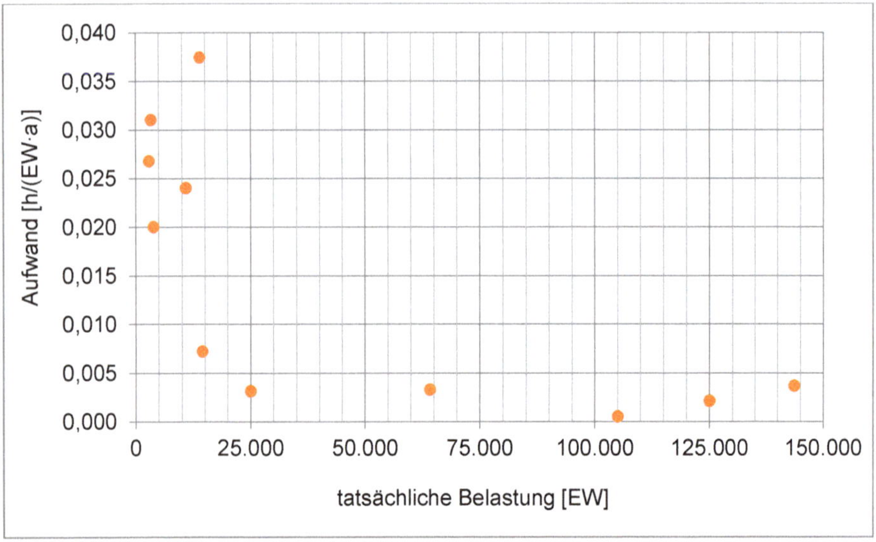

Abbildung 39: Spezifischer Personalaufwand in Abhängigkeit von der tatsächlichen Belastung

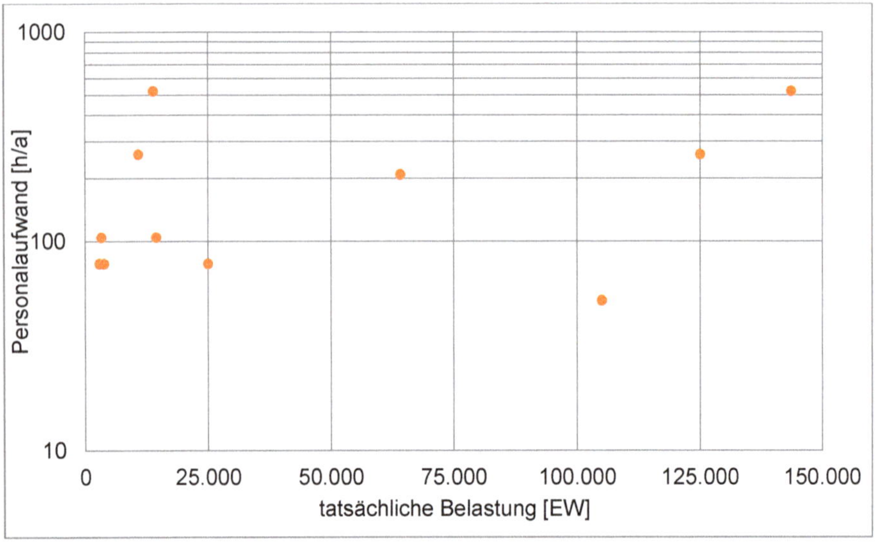

Abbildung 40: Jährlicher Personalaufwand in Abhängigkeit von der tatsächlichen Belastung

Auf Grundlage des Prozessbenchmarking von Kläranlagendaten wurden für das Merkblatt DWA-M 271 Nomogramme zum jährlichen Personalbedarf für den Betrieb kommunaler Kläranlagen entwickelt. Die umgerechneten Abfragewerte aus Abbildung 40 lassen sich in die Nomogramme der einzelnen Teilprozesse einordnen. In diesem Fall wird der durchschnittliche Personalbedarf der biologischen Reinigung als Referenzwert herangezogen. Demnach würden 10 % bis 20 % des Personalaufwands der biologischen Reinigung für die gezielte Phosphorelimination aufgewendet. Zwei Kläranlagen der Größenklasse 4 haben einen Personalaufwand angegeben, der 45 % bzw. 85 % des Personalbedarfs der biologischen Reinigung ausmacht.

Zu Kosten- und Energieaufwand können infolge der geringen Anzahl und Unvollständigkeit der Angaben keine Aussagen getroffen werden.

5 Analyse der Betriebsergebnisse in Bezug auf unterschiedliche Kläranlagentypen

5.1 Übersicht

Im Folgenden sind diejenigen Anlagen dargestellt, die hinsichtlich der Verfahren zur weitergehenden Phosphorelimination detailliert untersucht wurden. In der Auswahl sollten nach Möglichkeit alle Größenklassen vertreten sein. Da der Fragebogen zu der Anlage aus Größenklasse 3 nicht beantwortet wurde und auf der Anlage der Größenklasse 5 zum Zeitpunkt dieser Studie ein Versuchsbetrieb durchgeführt wurde, sind lediglich die Größenklassen 2 und 4 vertreten. Weiterhin wurde bei der Auswahl darauf geachtet, dass zum einen unterschiedliche biologische Reinigungsverfahren vertreten sind. Zum anderen wurden vorzugsweise Anlagen ausgewählt, die eine oder mehrere Anforderungen im Jahr 2018 oder 2019 nicht einhalten konnten. Die Phosphorelimination der Anlagen nach Tabelle 12 wird im Weiteren dargestellt und analysiert. Drei Anlagenbetreiber (Anlage D, E und F) bevorzugen den anonymen Umgang mit ihren Daten.

Tabelle 12: Übersicht der zur Darstellung und Analyse der Phosphorelimination ausgewählten Anlagen

GK	Ausbaugröße [EW]	Art der biolog. Reinigung	PO_4-P-Fällung	Bio-P	Überschreitung der Anforderung
2	2.500	Abwasserteichanlage	x		ja
2	3.700	SBR-Verfahren	x	x	nein
4	13.000	Belebtschlammverfahren	x		nein
4	27.000	Belebtschlammverfahren	x		ja*
4	68.000	Belebtschlammverfahren	x	x	ja*
4	78.000	Belebtschlammverfahren	x		ja*
4	99.000	Belebtschlammverfahren	x	x	nein

* PO_4-P betreffend

Um zu prüfen, ob ein Zusammenhang zwischen Phosphorelimination und der Elimination an organischen Stoffen und anorganischem Stickstoff besteht, werden die Eliminationsleistungen der verschiedenen Parameter einander gegenübergestellt. Es wird angenommen, dass die steigende P_{ges}-Eliminationsleistung aus einer erhöhten Dosierung von Wirksubstanz resultiert. Es soll geprüft werden, ob durch erhöhten Einsatz von Wirksubstanz auch die Eliminationsleistungen bezüglich N_{ges} und CSB steigen. Die Werte basieren auf den Jahresmitteln der Eigenkontrollen. Die Eliminationsleistung bezieht sich jeweils auf die aus Jahresabwassermenge und Konzentration ermittelten Frachten.

5.2 Anlage A (2.500 EW)

Anlagentyp A ist eine Abwasserteichanlage der Größenklasse 2, die für 2.500 EW bemessen wurde. Die tatsächliche Belastung beträgt aktuell 3.350 EW. Die Anlage behandelt kein

Industrieabwasser. Sie besteht aus einem vorgeschalteten Rechen, zwei in Reihe geschalteten belüfteten Teichen und einem Schönungsteich. Der Lufteintrag erfolgt durch Oberflächenbelüfter, sogenannte Fuchsbelüfter. Abbildung 41 zeigt das Verfahrensschema.

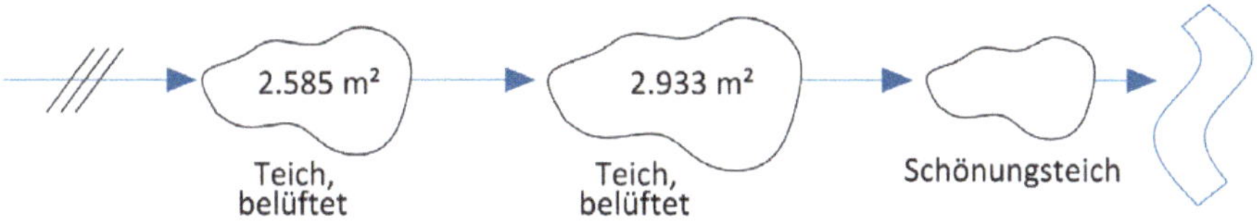

Abbildung 41: Verfahrensschema der Anlage A

Seit 2017 wird in der Anlage Phosphat gefällt. Als Fällmittel wird Eisen(III)-Chlorid verwendet. Die Dosierung erfolgt in den zweiten Abwasserteich im Bereich eines Oberflächenbelüfters, wodurch die Einmischung des Fällmittels gewährleistet werden soll. Die Dosiermenge wird nicht geregelt, sondern auf konstantem Niveau betrieben und im Rahmen der Eigenkontrollen angepasst. Der pH-Wert beträgt im Bereich der Flockung durchschnittlich 7,5.

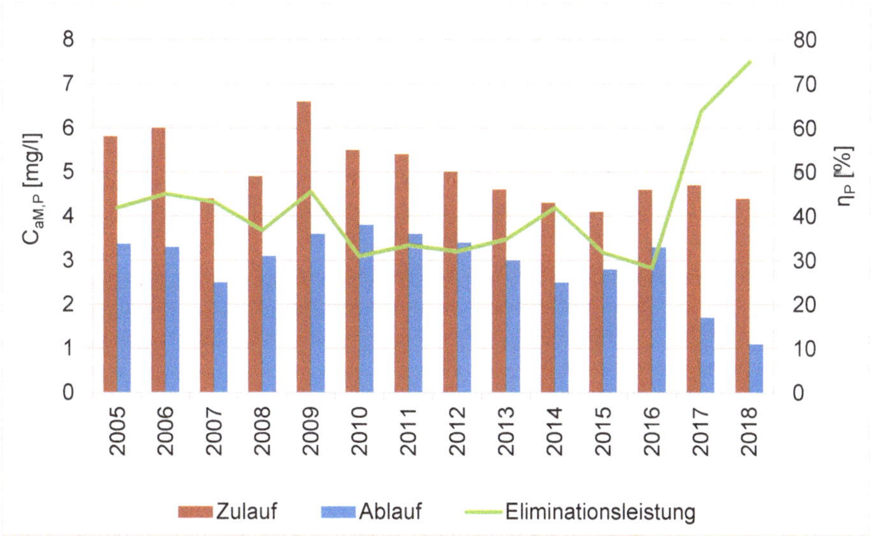

Abbildung 42: P_{ges}-Konzentration im Zu- und Ablauf sowie Eliminationsleistung der Anlage A, Jahre 2005 bis 2018, basierend auf Eigenkontrollen

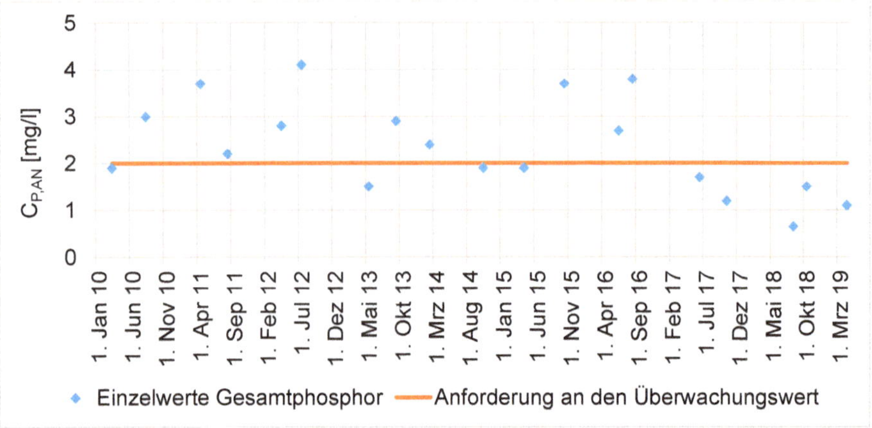

Abbildung 43: P_{ges}-Einzelwerte der StAbwU von Anlage A und Anforderung an den P_{ges}-Überwachungswert

Für die Anlagen der Größenklasse 2 ist nach MP ein maximaler Betriebswert der P_{ges}-Ablaufkonzentration von 1 mg/l im Jahresmittel nachzuweisen. Der P_{ges}-Überwachungswert darf maximal 2 mg/l betragen. In Abbildung 42 werden die Betriebswerte im Jahresmittel von 2005 bis 2018 dargestellt. Die Daten zu den Betriebswerten basieren auf den Angaben in den Eigenkontrollberichten. Nach EKVO (2010) ist die P_{ges}-Zulaufkonzentration mindestens im monatlichen und die P_{ges}-Ablaufkonzentration mindestens im wöchentlichen Rhythmus zu ermitteln. Es ergeben sich somit für die Zu- bzw. Ablaufkonzentration im Minimum 12 bzw. 52 Werte, so dass die Aussagekraft der gemessenen Werte eingeschränkt ist. Die Einzelwerte der StAbwU werden in Abbildung 43 betrachtet.

Die Zulaufkonzentration weist seit 2005 im Jahresmittel eine Schwankungsbreite von etwa 2,5 mg/l auf. Seit 2012 liegt die Zulaufkonzentration zwischen 4 mg/l und 5 mg/l. Auffällig ist, dass die Ablaufkonzentration im Jahr 2018 nur noch ein Drittel der Konzentration des Jahres 2016 beträgt. Durch die Fällung konnte die Ablaufkonzentration auf 1,1 mg/l im Jahresmittel reduziert werden. Die Anforderung nach MP wird noch nicht eingehalten und liegt 10 % über dem geforderten Wert von 1 mg/l. Entsprechend des verbesserten Ablaufwertes ist die Eliminationsleistung bezüglich Phosphor gestiegen. Nach Baumann (2019) können mit einer Fällung in Abwasserteichanlagen Eliminationsleistungen von 40 % bis 70 % erzielt werden. Auf der ausgewählten Anlage wurden 75 % der P_{ges}-Zulauffracht im Jahr 2018 eliminiert. In Bezug auf die Auswertung der mittelhessischen Kläranlagen liegt die Eliminationsleistung 2 %-Punkte unter dem Durchschnitt der gesamten Anlagen aus Größenklasse 2 (vgl. Abbildung 14) und 1,5 %-Punkte unter der mittleren Eliminationsleistung von Abwasserteichanlagen (vgl. Tabelle 8). Aufgrund der differierenden Anzahl an Werten in Zulauf und Ablauf können die realen Eliminationsleistungen abweichen. Vor allem sind in Bezug auf die Ablaufkonzentration deutliche Verbesserungen zu verzeichnen, seitdem die P-Fällung implementiert wurde.

Die Verbesserung der Ablaufkonzentration spiegelt sich auch in den gemessenen Überwachungswerten wider. Vor Inbetriebnahme der Fällung lagen die Überwachungswerte zwischen 1,5 und 4,1 mg/l. Dabei lag die Mehrzahl der Messwerte über dem Überwachungswert. Mit der Phosphatfällung seit Oktober 2017 wurden im Zuge der StAbwU Werte unterhalb von 2 mg/l gemessen. Die Anforderung an den Überwachungswert wird seit 2017 eingehalten.

Gemäß den Eigenkontrollberichten wurden 14 t Eisen(III)-Chlorid im Jahr 2017 und 21,6 t Eisen(III)-Chlorid im Jahr 2018 zur Fällung eingesetzt. Unter der Annahme eines Wirksubstanzgehaltes von 136,5 g Fe/kg Fällmittel bzw. 2,44 mol Fe/kg Fällmittel (vgl. Abschnitt 2.1.2) beträgt der K_P-Wert 35,9 mol WS/kg P für das Jahr 2018. Der Wert liegt über dem Erfahrungswert für Anlagen mit ausschließlich chemischer Fällung von 30 mol WS/kg P (vgl. Tabelle 4) und dem K_P-Wert nach Arbeitsbericht ATV-DVWK zur gezielten Phosphorelimination (2003) von 32 mol WS/kg P, der unter anderem die angestrebte P_{ges}-Ablaufkonzentration berücksichtigt.

Der personelle Aufwand für die Phosphorelimination beträgt etwa zwei Stunden pro Woche. Davon wird eine Stunde für die Analytik aufgewendet.

Im Folgenden werden die betrieblichen Erfahrungen im Zusammenhang mit der P-Fällung erläutert. Ein signifikant höherer Schlammanfall konnte weder auf der Anlage A noch auf anderen Anlagen des Verbandsgebietes, auf denen schon länger eine Phosphatfällung betrieben wird, festgestellt werden. Laut Anlagenbetreiber besteht bei Abwasserteichanlagen die Problematik, eine geeignete Dosierstelle mit genügend Leistungsdichte zu finden. Da nur drei Kontrollen in einer Woche durchgeführt werden, kann die Dosiermenge auch nur schwer auf den P_{ges}-Zulaufwert abgestimmt werden. Zur Vermeidung einer Überschreitung der Anforderung wird tendenziell überdosiert. Die Überdosierung verursacht zudem erhöhte Betriebskosten. Allerdings kann die Dosiermenge nicht auf die maximale Zulauffracht ausgelegt werden, so dass gelegentliche Überschreitungen der Anforderung im Ablauf unvermeidbar sind.

Bedenken wurden aufgrund der zusätzlichen Belastung der Gewässer mit den im Fällmittel enthaltenen Chlorid-Ionen und Schwermetallen geäußert. Pro Tag wurden im Jahr 2019 etwa 50 kg Fällmittel in den Abwasserstrom gegeben. Etwa 3,5 Kilometer unterhalb der Einleitstelle befindet sich eine Messstelle der landesweiten Messungen des HLNUG [HLNUG (2019 e)]. Dort werden monatlich u. a. die Konzentrationen von Gesamtphosphor, PO_4-P, Chlorid und Eisen gemessen. Die gemessenen Chlorid-Konzentrationen sind in Abbildung 44 als Einzelwerte und in Tabelle 13 als gemittelte Werte dargestellt. In den Jahren 2009, 2010 sowie 2014 und 2015 wurde die Chlorid-Konzentration nicht erfasst.

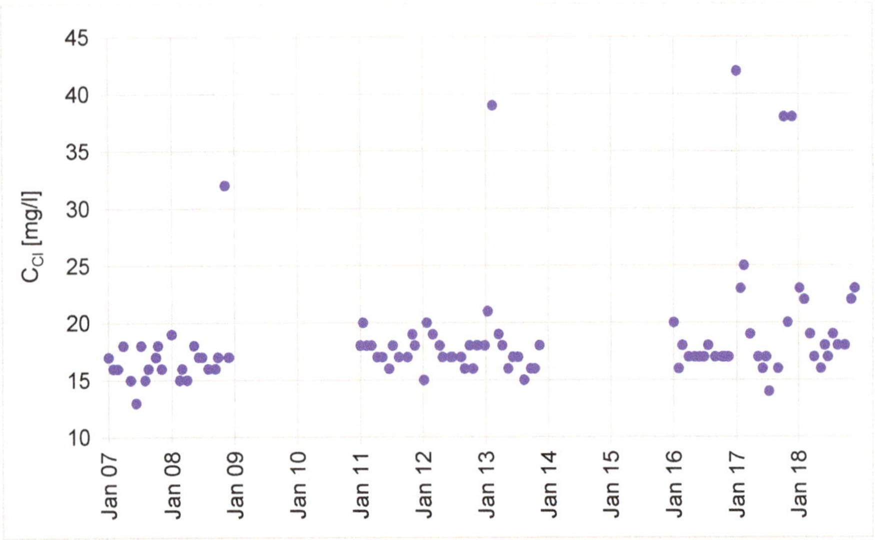

Abbildung 44: Chlorid-Gehalt des Gewässers, in das Anlage A einleitet [in Anlehnung an HLNUG (2019 e)]

Tabelle 13: Mittelwerte des Chlorid-Gehaltes im Gewässer, in das Anlage A einleitet [in Anlehnung an HLNUG (2019 e)]

Jahr	2007	2007-2008	2011	2011-2012	2011-2013	2016	2016-2017	2016-2018
Mittelwert der Jahresmittel [mg/l]	16	17	18	18	18	17	21	20

Im Gewässer ist eine leichte Steigung der Chlorid-Konzentration erkennbar. Nach OGewV (2016) gilt der Mittelwert der Jahresmittel von maximal drei aufeinander folgenden Jahren als Nachweis für den Orientierungswert. Bei Bildung der nachzuweisenden Mittelwerte (vgl. Tabelle 13) ist feststellbar, dass die Konzentration mit maximal 21 mg/l sogar unterhalb der Anforderung von 50 mg/l für einen sehr guten ökologischen Zustand liegt. Aus diesem Grund wird die durch die P-Fällung eingeleitete Chloridfracht als unbedenklich eingestuft.

Weiterhin beträgt der strengste Grenzwert des Eisengehaltes im Gewässer für einen guten ökologischen Zustand 0,7 mg/l. Er ist analog des Chlorid-Gehaltes nachzuweisen [OGewV (2016)]. Im Gewässer wird seit 2017 monatlich der Eisengehalt ermittelt. Im Schnitt liegt er im Jahr 2017 bei 0,63 mg/l und im Jahr 2018 bei 0,53 mg/l. In beiden Jahren wird die Anforderung an den guten ökologischen Zustand eingehalten.

Demgegenüber weist der Gewässer eine sinkende PO_4-P-Konzentration auf (vgl. Abbildung 45 und Tabelle 14).

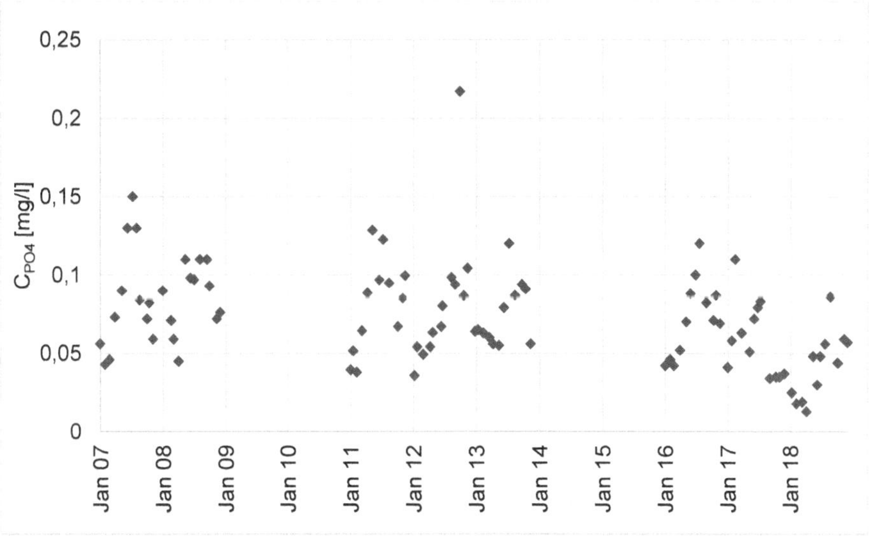

Abbildung 45: PO_4-P-Konzentration im Gewässer in das Anlage A einleitet [in Anlehnung an HLNUG (2019 e)]

Tabelle 14: Mittelwerte der PO_4-P-Konzentration im Gewässer, in das Anlage A einleitet [in Anlehnung an HLNUG (2019 e)]

Jahr	2007	2007-2008	2011	2011-2012	2011-2013	2016	2016-2017	2016-2018
Mittelwert der Jahresmittel [mg/l]	0,085	0,085	0,081	0,083	0,080	0,072	0,065	0,058

Während im Mittel in den Jahren 2007 und 2008 noch 0,085 mg/l PO_4-P im Gewässer vorhanden waren, weist die Konzentration im Mittel in den Jahren 2016 bis 2018 lediglich einen Wert von 0,058 mg/l auf. Die Anforderung an einen guten ökologischen Zustand liegt bei 0,07 mg/l. Die Anforderung wird demnach seit 2017 eingehalten.

Die gemessenen Werte lassen keinen Rückschluss auf den Einfluss der Kläranlage A auf das Gewässer zu, so dass der Anteil des Kläranlagenabflusses am Gesamtabfluss im Gewässer untersucht wird. Der mittlere Niedrigwasserabfluss (MNQ) der Anlage A beträgt nach WRRL-Viewer des HLNUG 210 l/s. Oberhalb der Einleitstelle leiten zwei weitere Kläranlagen gereinigtes Abwasser in das Gewässer ein. Eine der beiden Anlagen weist ebenso eine Phosphorelimination auf. Die Anlage entspricht mit einer Ausbaugröße von 2.300 EW der Größenklasse 2 und weist einen MNQ von 50 l/s auf. Inwieweit sich dort die Ablaufwerte verbessert haben, ist aufgrund der geänderten Zugehörigkeit zum Regierungsbezirk nicht bekannt. Die zweite Anlage betreibt keine Phosphorelimination. Sie wurde für 760 EW bemessen. Der MNQ der zweiten Anlage beträgt 25 l/s [HLNUG (2019 d)].

Etwa 8 km unterhalb der Einleitstelle befindet sich eine Pegelmessung, die einen MNQ des Gewässers von 440 l/s erfasst. Damit macht der Abfluss der Kläranlage A 48 % des Gewässerabflusses an der Stelle der Pegelmessung aus. Dabei ist anzumerken, dass zwischen Einleitstelle und Pegelmessstelle eine Einmündung besteht, die zum gemessenen Abfluss des Gewässers beiträgt. Zudem wächst das Einzugsgebiet mit Verlauf des Gewässers. Der tatsächliche Anteil des Anlagenabflusses im Bereich der Einleitstelle ist somit größer. Aufgrund des hohen Wasseranteils der Kläranlagen am Gesamtabfluss können die Konzentrationen im Gewässer hauptsächlich auf die einleitenden Anlagen zurückgeführt werden. Da die Messstelle der landesweiten Messungen des HLNUG oberhalb der Einmündung liegt, ist eine Beeinflussung durch andere Einleitungen ausgeschlossen.

Der Einfluss der P-Fällung auf die Parameter N_{ges} und CSB wird für diese Anlage nicht untersucht. Der CSB wird im Ablauf mindestens wöchentlich und im Zulauf mindestens monatlich gemessen. Die N_{ges}-Konzentration hingegen wird im Zu- und Ablauf lediglich mindestens einmal pro Monat ermittelt. Darüber hinaus wurde die Fällung erst 2017 integriert, so dass keine langfristige Untersuchung der Fällmittelmenge im Zusammenhang mit der Eliminationsleistung möglich ist. Aufgrund der geringen Messwerte kann keine fundierte Aussage zu diesem Aspekt getroffen werden.

5.3 Anlage B (3.700 EW)

Anlage B wurde für 3.700 EW bemessen und entspricht demnach der Größenklasse 2. Die tatsächliche Belastung liegt bei 3.900 EW. Es werden keine industriellen Abwässer in die Anlage eingeleitet. Zusätzlich fließt jedoch vorgereinigtes und nitrifiziertes Sickerwasser einer Deponie zu. Die Belebung wird in zwei SB-Reaktoren betrieben.

Abbildung 46: SB-Reaktor der Anlage B

Wie in Abbildung 47 dargestellt, sind den beiden SB-Reaktoren ein Rechen, ein Sandfang und ein Vorlagebehälter vorgeschaltet. Der Abfluss aus den beiden Reaktoren wird vergleichmäßigt ins Gewässer eingeleitet. Der Schlamm wird als Flüssigschlamm einer Klärschlammvererdung zugeführt. Das dort anfallende Drainagewasser wird zurückgeführt.

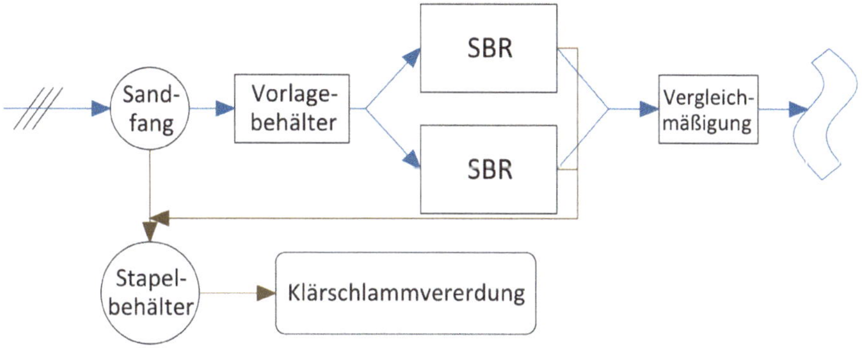

Abbildung 47: Verfahrensschema der Anlage B

Ein SBR-Zyklus läuft in folgenden Phasen ab:

- Füllen,
- Nitrifikation/Belüften,
- Denitrifikation/Rühren,
- Nachbelüften,
- Sedimentation,
- Klarwasser- und Schlammabzug.

Während der Denitrifikation wird nach Bedarf eine C-Quelle dosiert. Parallel zur Dosierung der C-Quelle wird Fällmittel (Aluminiumchlorid) zugegeben. Die Nachbelüftung dient zum einen dem Abbau des restlichen Teils der zugegebenen C-Quelle. Zum anderen werden hierdurch die Schlammeigenschaften verbessert, so dass dem Aufschwimmen des Schlamms entgegengewirkt wird.

Laut Betriebspersonal wurde die Fällung im Zuge der Errichtung der Klärschlammvererdung implementiert. Während des Trockenwetters kommt es zu zeitweisen Stillständen eines SB-Reaktors. Zu diesen Zeiten können im minimal gefüllten SB-Reaktor dann ungeplant Bio-P-Vorgänge stattfinden. Vor Errichtung der Klärschlammvererdung wurde durch diesen Effekt bereits Phosphor entfernt. Das Drainagewasser aus der Klärschlammvererdung, das in die Vorlage zurückgeleitet wird, weist jedoch einen hohen Phosphatgehalt auf. Die Rückbelastung beträgt, bezogen auf den Phosphatgehalt im Zulauf der Anlage, etwa 50 %. Somit wurde eine Fällung erforderlich, um den P_{ges}-Ablaufwert gering zu halten. Die Fällung wurde im Jahr 2012 integriert. Die Fällmittelmenge wird an die P_{ges}-Konzentration im Ablauf der Anlage angepasst. Der Aufwand bezüglich der Phosphorelimination liegt bei einer Stunde für die Analytik und beträgt insgesamt 1-2 h/Woche. Der pH-Wert liegt im Flockungsbereich im Mittel bei 7,4.

Für die Anlagen der Größenklasse 2 ist nach MP ein maximaler Betriebswert der P_{ges}-Ablaufkonzentration von 1 mg/l im Jahresmittel nachzuweisen. Die P_{ges}-Messungen der StAbwU dürfen maximal 2 mg/l ergeben. Im Folgenden werden die Betriebswerte im Jahresmittel von 2005 bis 2018 (Abbildung 48) und die Werte der StAbwU von 2010 bis 2019 (Abbildung 49) betrachtet. Die Daten zu den Betriebswerten basieren auf den Angaben in den Eigenkontrollberichten. Laut EKVO ist die P_{ges}-Zulaufkonzentration mindestens einmal pro Monat und die P_{ges}-Ablaufkonzentration mindestens einmal in der Woche zu ermitteln. Tatsächlich werden die beiden Konzentrationen im wöchentlichen Rhythmus und an denselben Tagen ermittelt. Man erhält somit für die P_{ges}-Zu- und Ablaufkonzentration jeweils mindestens 52 Werte pro Jahr.

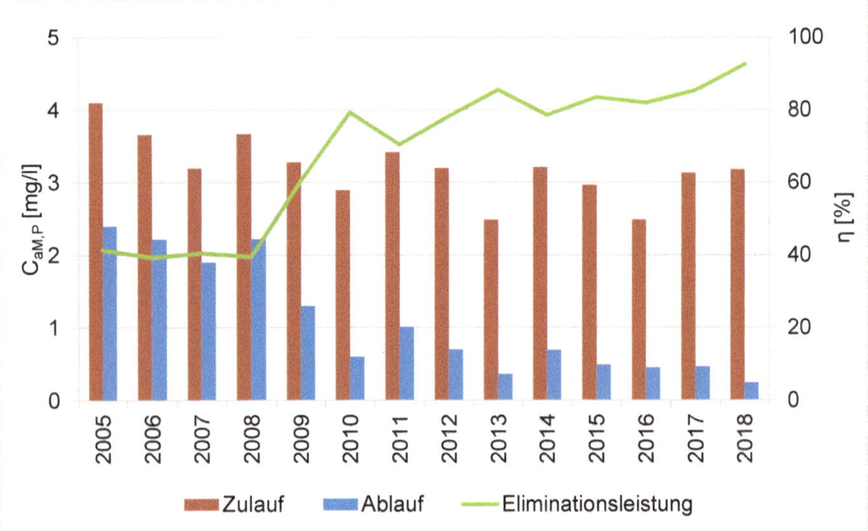

Abbildung 48: P_{ges}-Konzentration in Zu- und Ablauf sowie Eliminationsleistung der Anlage B, Jahre 2005 bis 2018, basierend auf Eigenkontrollen

Die Anlage wurde in den Jahren um 2010 von einer Abwasserteichanlage zu einer SBR-Anlage umgebaut. Im Jahresmittel schwankt die P_{ges}-Zulaufkonzentration seit 2010 in einem Bereich zwischen 2,5 mg/l und 3,4 mg/l. Währenddessen weist die P_{ges}-Ablaufkonzentration Werte von maximal 1 mg/l auf. 2018 lag das Jahresmittel der P_{ges}-Ablaufkonzentration bei 0,24 mg/l. Zudem ist die Reinigungsleistung bezüglich Phosphor gestiegen. Im Jahr 2018 werden etwa 92,5 % der Zulauffracht aus dem Abwasser entfernt. Der für die Anlagen der Größenklasse 2 ermittelte Wert liegt im Durchschnitt bei 77 % (vgl. Abbildung 14). Mit Inbetriebnahme der Phosphatfällung im Jahr 2012 wurden im Zuge der StAbwU Werte unterhalb von 2 mg/l gemessen (vgl. Abbildung 49). Die Anforderung an den Überwachungswert wird seither eingehalten.

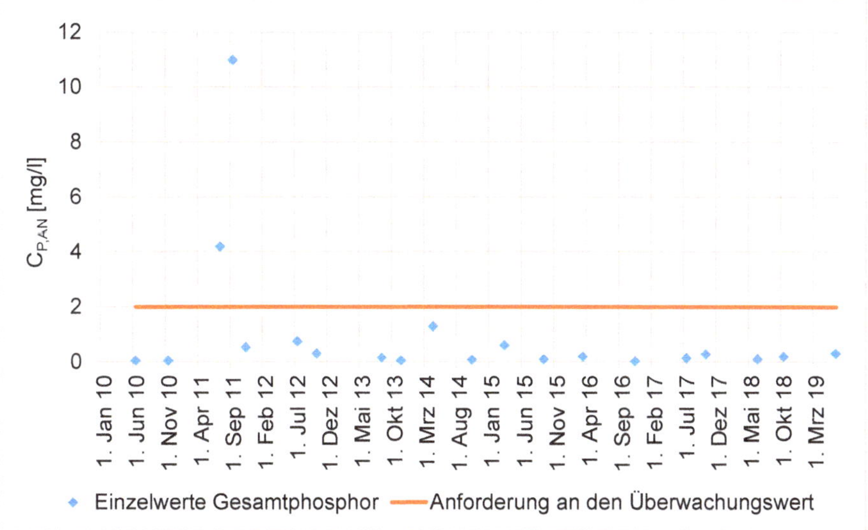

Abbildung 49: P_{ges}-Einzelwerte der StAbwU von Anlage B und Anforderung an den P_{ges}-Überwachungswert

Zur Fällung wurde zunächst Eisen(III)-Chlorid verwendet. Aufgrund von Problemen mit Blähschlamm wurde Eisen(III)-Chlorid durch ein Eisen-Aluminium-Gemisch ersetzt. Seit 4 bis 5 Jahren wird nur noch Aluminiumchlorid verwendet, da es bei dem Eisen-Aluminium-Gemisch zu Ausfällungen von Eisenflocken kam. Laut Betriebspersonal weist aluminiumhaltiges Fällmittel gegenüber eisenhaltigen Fällmitteln Vorteile hinsichtlich der Handhabung auf, da eisenhaltiges Fällmittel zu Korrosionserscheinungen führt.

K_P-Wert und Fällmittelverbrauch von 2014 bis 2018 sind in Abbildung 50 dargestellt. Die Verbrauchsmengen basieren auf den Angaben in den Eigenkontrollberichten. Der übliche Wirksubstanzgehalt von Aluminiumchlorid liegt zwischen 58 g Al/$kg_{Fällmittel}$ bis 60 g Al/$kg_{Fällmittel}$ (vgl. Kapitel 2.1.2). Bei einer molaren Masse des Aluminiums von 26,98 g/mol beträgt der K_P-Wert 4,70 mol Al/kg P bis 4,85 mol Al/kg P im Jahr 2018. Er liegt somit weit unter dem nach Arbeitsbericht ATV-DVWK zur gezielten Phosphorelimination (2003) ermittelten Erfahrungswert für Anlagen mit Bio-P und Fällung von 11 mol WS/kg P.

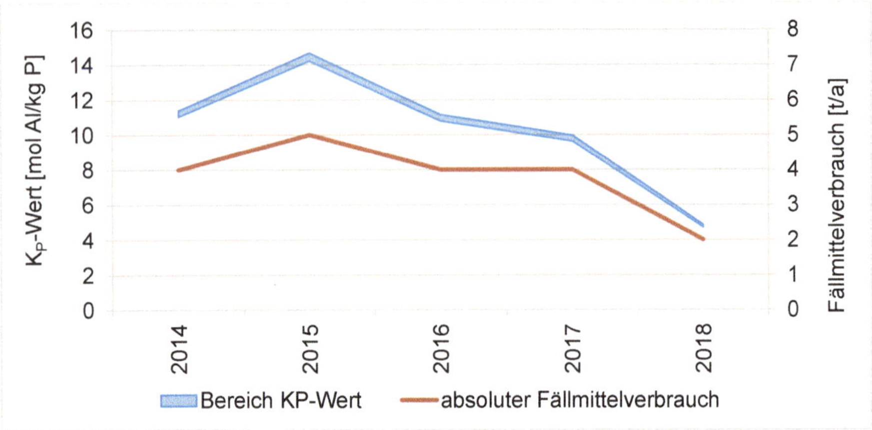

Abbildung 50: K_P-Wert und absoluter Fällmittelverbrauch der Anlage B, basierend auf den Eigenkontrolldaten

In Abbildung 51 sind die Verläufe der Eliminationsleistungen bezüglich N_{ges} und CSB sowie der Verlauf der Stoffmenge an Wirksubstanz dargestellt. Die Eliminationsleistungen beziehen sich üblicherweise auf die im Zu- und Ablauf der Anlage aus den jeweiligen Konzentrationen und Abwassermengen ermittelten Frachten. Die Abwassermenge wird jedoch lediglich im Ablauf der Anlage gemessen. Des Weiteren werden auf dieser Anlage die Zu- und Ablaufkonzentrationen von CSB und N_{ges} im wöchentlichen Rhythmus ermittelt.

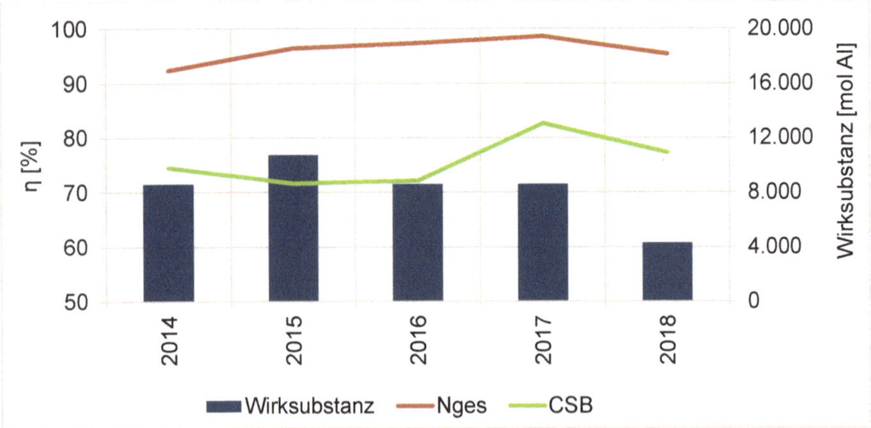

Abbildung 51: CSB-, N_{ges}- und Eliminationsleistungen sowie dosierte Stoffmenge an Wirksubstanz, basierend auf den Eigenkontrolldaten

Die Reinigungsleistung bezüglich CSB und N_{ges} ist bei sinkender Menge an Wirksubstanz gestiegen. Damit ist keine fundierte Aussage zu einem Zusammenhang zwischen P-Fällung und der Eliminationsrate von CSB und N_{ges} möglich. Auch für P_{ges} ist ein weiterer Anstieg der Eliminationsleistung in den Jahren von 2016 bis 2018 zu verzeichnen, obwohl geringere Fällmittelmengen zum Einsatz kommen. Es wird davon ausgegangen, dass die durchgeführte Optimierung des SBR-Zyklus zur Verbesserung der Leistungsfähigkeit der Anlage geführt hat.

5.4 Anlage C (13.000 EW)

Anlage C wurde für 13.000 EW bemessen und entspricht demnach der Größenklasse 4. Angeschlossen sind aktuell 10.833 EW. Es gibt keine industriellen Abwassereinleitungen. Die biologische Reinigung erfolgt im Belebtschlammverfahren (Abbildung 52).

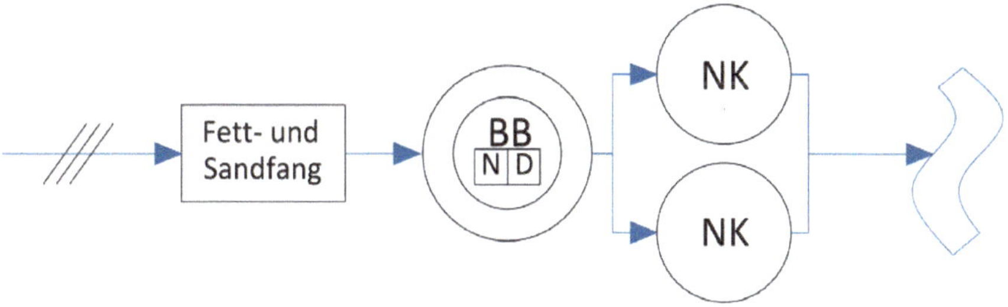

Abbildung 52: Verfahrensschema der Anlage C

Auf der Anlage wird Phosphor mittels Phosphatfällung eliminiert. Zunächst wurde lediglich eine konstante Menge an Fällmittel in den Rücklaufschlamm gegeben. Seit Oktober 2017 wird eine 2-Punktfällung betrieben. Die zweite Dosierstelle befindet sich im Ablauf der Belebung. Es erfolgt dort eine geregelte Dosierung in Abhängigkeit vom PO_4-P-online-Messwert im Ablauf der Belebung. Der Soll-Wert beträgt 0,12 mg/l. Als Fällmittel kommt Polyaluminiumchlorid zum Einsatz. Der pH-Wert im Flockungsbereich beträgt im Mittel 7,3.

Folgende Anforderungen sind nach MP für eine Anlage der Größenklasse 4 einzuhalten:

- Überwachungswert $P_{ges} \leq 0,7$ mg/l,
- Eigenkontrollwert $P_{ges} \leq 0,5$ mg/l,
- Eigenkontrollwert PO_4-P (80-Perzentilwert) $\leq 0,2$ mg/l,
  Einzelwert ≤ zweifacher Anforderungskonzentration.

In Abbildung 53 sind die Zu- und Ablaufkonzentrationen sowie die Eliminationsleistung der Jahre 2005 bis 2018 bezüglich Gesamtphosphor dargestellt. Die Jahresmittel basieren auf den Eigenkontrolldaten der Anlage. Die Zulaufkonzentration wird wöchentlich ermittelt, während die Ablaufkonzentration täglich gemessen wird. Die Werte werden im Wechsel aus 2 h-Proben und 24 h-Proben ermittelt, wobei die 2 h-Proben an verschiedenen Wochentagen und zu unterschiedlichen Uhrzeiten genommen werden. Wird die P_{ges}-Konzentration aus einer 24 h-Probe ermittelt, ist diese zudem hinsichtlich der PO_4-P-Konzentration zu analysieren. Die Zulauf- und Ablaufwassermengen werden täglich und separat ermittelt. Die Eliminationsleistung bezieht sich auf die aus Konzentration und Ablaufwassermenge ermittelten Frachten.

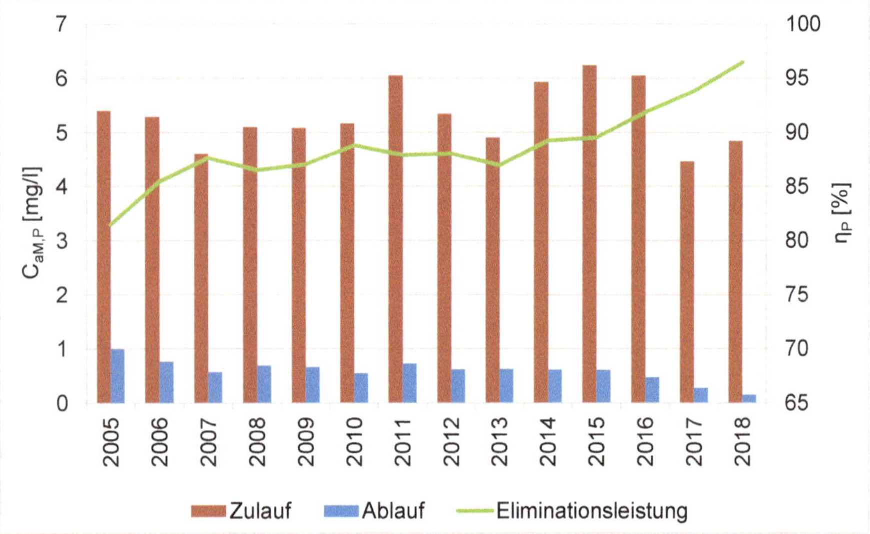

Abbildung 53: P_{ges}-Konzentration in Zu- und Ablauf sowie Eliminationsleistung der Anlage C, Jahre 2005 bis 2018, basierend auf Eigenkontrollen

Die P_{ges}-Zulaufkonzentration liegt in den letzten 14 Jahren zwischen 4,5 mg/l und 6,2 mg/l. Demgegenüber weist die Ablaufkonzentration einen sinkenden Verlauf auf. Während die Ablaufkonzentration im Jahresmittel 2005 noch 1 mg/l betrug, konnte sie im Jahr 2016 bereits auf 0,48 mg/l vermindert werden. Im Oktober 2017 wurde eine zweite Dosierstelle inklusive PO_4-P-online-Messung integriert, so dass die Ablaufkonzentration im Jahr 2018 einen weiterhin reduzierten Wert von 0,15 mg/l aufweist. Entsprechend den verbesserten Ablaufwerten ist die Eliminationsleistung in den letzten drei Jahren gestiegen. Im Jahr 2018 wurden 96,5 % der zugeflossenen Phosphatfracht aus dem Abwasser entfernt. Der Wert liegt oberhalb der ermittelten größenklassenspezifischen Eliminationsleistung von 93 %.

Sowohl die Anforderung an das P_{ges}-Monatsmittel als auch der Grenzwert des PO_4-P-80-Perzentilwertes wurde im Zeitraum von Januar 2018 bis Oktober 2019 eingehalten bzw. nicht überschritten (vgl. Abbildung 54). Die P_{ges}-Monatsmittel liegen mit maximal 0,27 mg/l sogar weit unterhalb der Anforderung. Lediglich im Mai 2019 überschreitet der PO_4-P-Maximalwert den geforderten Grenzwert.

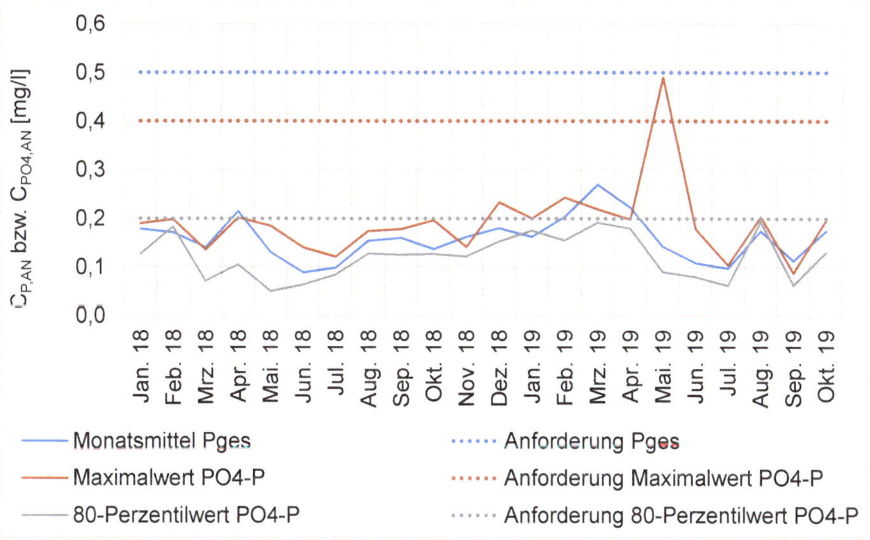

Abbildung 54: Verlauf der nachzuweisenden Betriebswerte der Anlage C mit entsprechendem Grenzwert nach MP, basierend auf den Eigenkontrolldaten

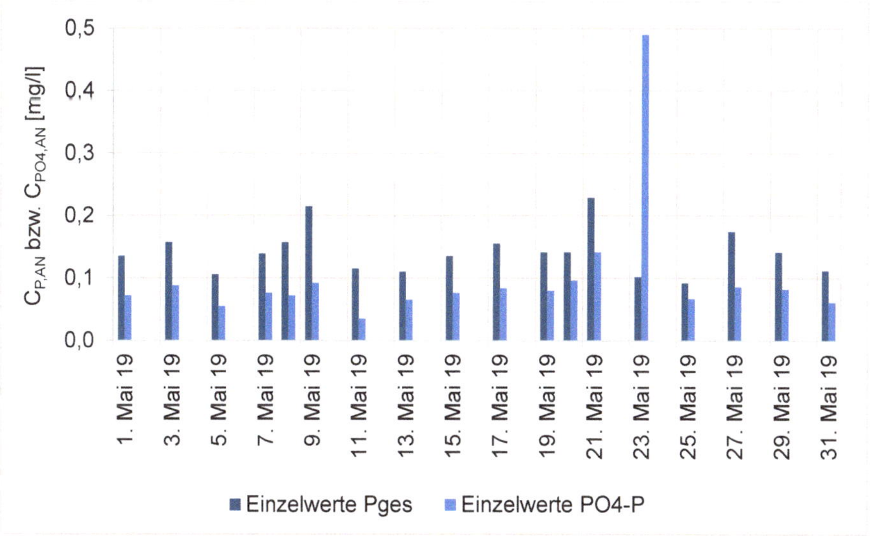

Abbildung 55: Einzelwerte der P_{ges}- und PO_4-P-Ablaufkonzentration der Anlage C im Mai 2019, basierend auf den Eigenkontrolldaten

Betrachtet man die Einzelwerte von Mai 2019 (Abbildung 55), ist festzustellen, dass lediglich bei einer Messung eine erhöhte PO_4-P-Konzentration oberhalb von 0,2 mg/l ermittelt wurde. Die restlichen 17 Werte weisen maximal eine Konzentration von 0,14 mg/l auf. Nach EKVO (2010) ist die Probe, die hinsichtlich der P_{ges}-Konzentration zu untersuchen ist, zusätzlich hinsichtlich der PO_4-P-Konzentration zu untersuchen. Da es sich um dieselbe Probe handelt und da PO_4-P einen Teil des Gesamtphosphors darstellt, sind die ermittelten Werte der P_{ges}-Konzentration und der PO_4-P-Konzentration zweifelhaft. Unter der Annahme einer korrekt ermittelten P_{ges}-Konzentration muss die PO_4-P-Konzentration fehlerhaft sein. Stimmt die Analyse der Probe hinsichtlich der Konzentration an PO_4-P, könnten weitere Ursachen Störungen an der Dosieranlage oder ein plötzlicher Anstieg der P_{ges}-Zulaufkonzentration sein, auf die die Regelung nicht schnell genug reagieren konnte.

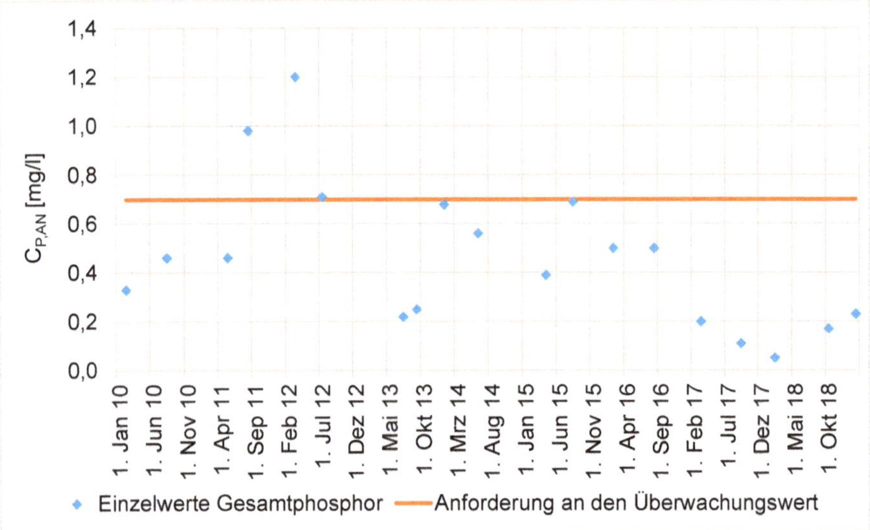

Abbildung 56: P_{ges}-Einzelwerte der StAbwU für Anlage C und Anforderung an den Überwachungswert

Die im Zuge der StAbwU ermittelten Werte (vgl. Abbildung 56) lagen lediglich in den Jahren 2011 und 2012 oberhalb der aktuellen Anforderung. Entsprechend der guten Eigenkontrollwerte weisen auch die Einzelwerte der StAbwU seit 2017 sehr geringe Werte von maximal 0,23 mg/l auf. Die Anforderung an den Überwachungswert wird eingehalten.

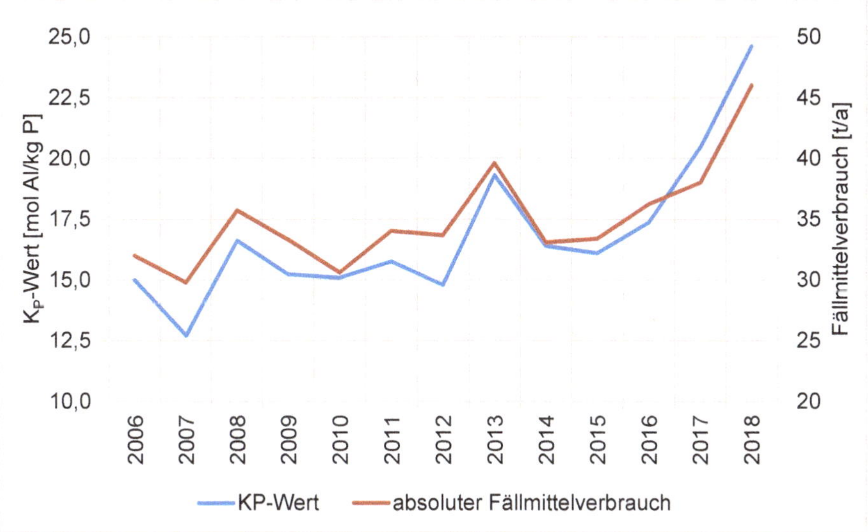

Abbildung 57: K_P-Wert und absoluter Fällmittelverbrauch von Anlage C der Jahre 2006 bis 2018, basierend auf den Eigenkontrolldaten

Abbildung 57 zeigt die zur Phosphatentfernung eingesetzte spezifische und absolute Menge an Fällmittel seit 2006. Die Daten basieren auf den Informationen aus den Eigenkontrollberichten. Der Verbrauch an Fällmittel ist im Mittel gestiegen. Im Oktober 2017 wurde die 1-Punktfällung um eine zweite Dosierstelle erweitert. 2016 betrug der Fällmittelverbrauch noch 36 t/a. Im Jahr 2018 wurden 46 t/a Fällmittel verbraucht. Rechnerisch ergibt sich aus den Angaben der beiden Verbrauchswerte aus 2016 und 2018 ein Fällmittelverbrauch von etwa $(\frac{10}{12} \cdot 36\,t + \frac{2}{12} \cdot 48\,t)$ = 38 t, was dem tatsächlichen Verbrauch an Fällmittel für das Jahr 2017 entspricht. Der Verbrauch an Fällmitteln stieg somit infolge der verschärften Anforderungen um 33 %. Dadurch konnte die Ablaufkonzentration um 68 % verbessert werden (vgl. Abbildung 53). Im Jahr 2018 beträgt der K_P-Wert 24,6 mol Al/kg P. Dieser Wert liegt knapp über dem Erfahrungswert des DWA-A 202 für nitrifizierende und denitrifizierende Anlagen (23 mol WS/kg P). Vergleicht man den K_P-Wert jedoch mit dem nach Arbeitsbericht ATV-DVWK zur gezielten Phosphorelimination (2003) ermittelten K_P-Wert, der neben dem Verfahren auch die Anforderung an die P_{ges}-Ablaufkonzentration berücksichtigt (ca. 29 mol WS/kg P), liegt er mit 24,3 mol Al/kg P im überdurchschnittlich guten Bereich.

Bei vergleichsweise geringem Fällmitteleinsatz durch die 2-Punkt-Fällung ohne Bio-P werden sehr gute P_{ges}-Ablaufwerte erreicht. Die PO_4-P-Ablaufwerte liegen teilweise nur knapp unterhalb der Anforderung an den 80-Perzentilwert. Der PO_4-P-Maximalwert wird mit einer Ausnahme im betrachteten Zeitraum von 22 Monaten nicht überschritten. Insgesamt weist der Ablauf der Anlage sehr geringe P_{ges}-Konzentrationen auf, bei der der Anteil an PO_4-P hoch ist.

Die Phosphatfällung geht mit einem Personalaufwand von 5 Stunden einher davon 1,5 Stunden für die Analytik und 3,5 Stunden für die Online-Messtechnik. Die Betriebskosten belaufen sich auf 15.000 € für Fällmittel und Wartung.

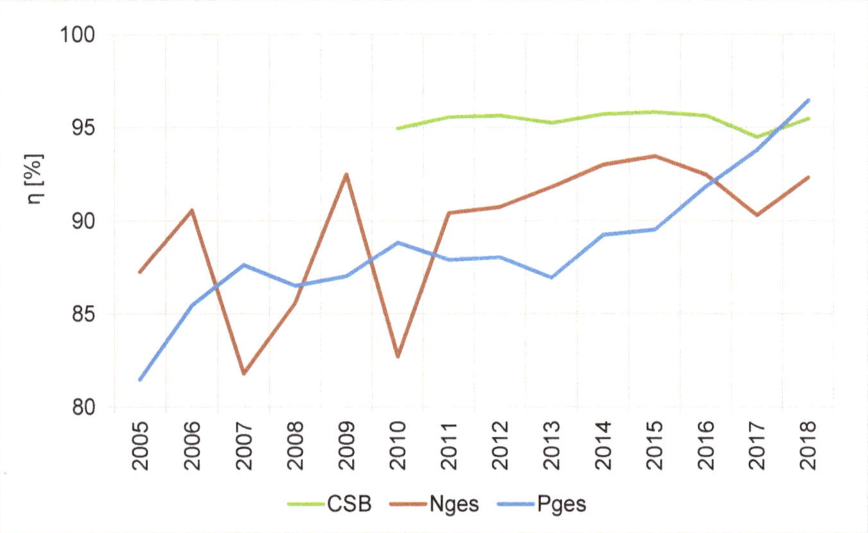

Abbildung 58: CSB-, N_{ges}- und P_{ges}-Eliminationsleistungen der Anlage C, basierend auf den Eigenkontrolldaten

In Abbildung 58 sind die Eliminationsleistungen bezüglich CSB, N_{ges} und P_{ges} dargestellt. Die CSB- und N_{ges}-Konzentrationen werden analog der P_{ges}-Konzentrationen ermittelt. Die Art der Probenahme (24 h-Probe oder 2 h-Probe) variiert je nach Parameter und Datum nicht. Die P_{ges}-Eliminationsleistung weist eine deutliche Steigerung ab dem Jahr 2014 auf. Im Vergleich dazu zeichnet sich für die Parameter CSB und N_{ges} kein Anstieg der Eliminationsleistung ab, so dass kein positiver Einfluss der P-Fällung auf die beiden Parameter erfasst werden kann.

Stromabwärts der Einleitstelle der Anlage befindet sich noch vor Einmündung in ein größeres Fließgewässer eine Messstelle der landesweiten Messungen des HLNUG. Außer der Anlage C leitet keine weitere Kläranlage Abwasser in das Gewässer ein [HLNUG (2019 e)]. An der Messstelle werden unter anderem die Konzentrationen an Gesamtphosphor, PO_4-P, Sulfat, Chlorid und Eisen gemessen. Die gemessenen Werte sind in Abbildung 59 und Abbildung 60 dargestellt. Die nach OGewV (2016) nachzuweisenden Mittelwerte sind in Tabelle 15 zusammengefasst.

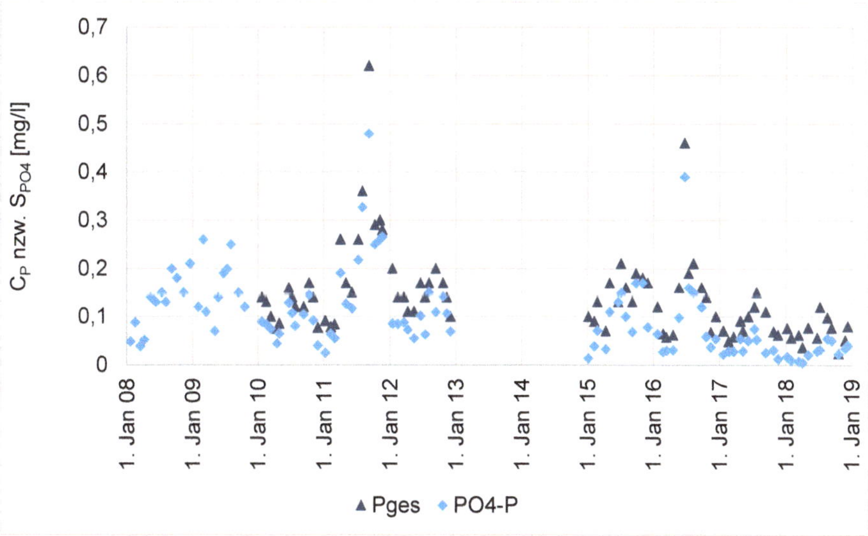

Abbildung 59: P_{ges}- und PO_4-P-Konzentrationen im Einleitgewässer der Anlage C [in Anlehnung an HLNUG (2019 e)]

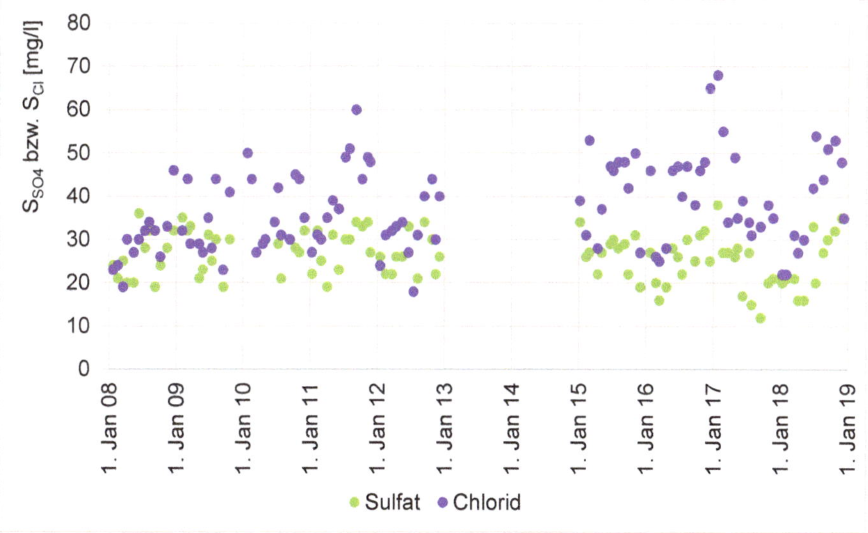

Abbildung 60: Sulfat- und Chlorid-Konzentrationen im Einleitgewässer der Anlage C [in Anlehnung an HLNUG (2019 e)]

Tabelle 15: Mittelwerte der Jahresmittel der P_{ges}-, PO_4-P-, Sulfat-, Chlorid- und Eisen-Konzentration [in Anlehnung an HLNUG (2019 e) und OGewV (2016)]

Mittelwerte der Jahresmittel der Jahre ...	P_{ges}	PO_4-P	Sulfat	Chlorid	Eisen
2008		0,13	25,8	30	
2008-2009		0,14	26,8	31	
2010 bzw. 2008-2010	0,12	0,13	27,0	33	
2010-2011 bzw. 2009-2011	0,18	0,15	27,9	37	
2010-2012	0,17	0,13	27,1	37	
2015	0,14	0,095	27,0	41	
2015-2016	0,15	0,098	26,0	42	
2015-2017 bzw. 2017	0,13	0,078	25,2	41	0,23
2016-2018 bzw. 2015-2018	0,10	0,055	24,7	40	0,25
Anforderung an guten ökologischen Zustand nicht eingehalten					
Anforderung an guten ökologischen Zustand eingehalten					
Anforderung an sehr guten ökologischen Zustand eingehalten					

Sowohl der P_{ges}- als auch der PO_4-P-Gehalt im Gewässer sinken. Laut OGewV (2016) wird die Anforderung als Mittelwert von maximal drei aufeinander folgenden Jahren nachgewiesen. Während im Mittel in den Jahren 2010 bis 2012 noch 0,17 mg/l P_{ges} und 0,13 mg/l PO_4- P im Gewässer nachzuweisen waren, weisen die Konzentrationen im Mittel in den Jahren 2016 bis 2018 lediglich Werte von 0,10 mg/l P_{ges} und 0,055 mg/l PO_4-P auf. Die Grenzwerte für einen guten ökologischen Zustand liegen bei 0,10 mg/l P_{ges} und 0,07 mg/l PO_4-P [OGewV (2016)]. Sowohl der ermittelte Wert für P_{ges} als auch die gemessene PO_4-P-Konzentration erfüllen die Anforderungen an einen guten ökologischen Zustand.

Bei Betrachtung der Chloridwerte im Gewässer ist eine leichte Steigung der Konzentration erkennbar. Die nachzuweisenden Mittelwerte mit Konzentrationen von maximal 40 mg/l im Mittel der Jahre 2016 bis 2018 liegen unterhalb der Anforderung an einen sehr guten ökologischen Zustand. Die Erhöhung des Fällmittelverbrauchs hat folglich keinen negativen Einfluss auf den ökologischen Zustand des Gewässers. Auch im Hinblick auf Sulfat sind Überschreitungen des Orientierungswertes für einen guten ökologischen Zustand nicht zu erwarten, so dass der Einsatz sulfathaltiger Fällmittel als unkritisch eingestuft wird.

5.5 Anlage D (27.000 EW)

Anlage D entspricht mit einer Bemessungsgröße von 27.000 EW der Größenklasse 4. Aktuell sind 25.000 EW daran angeschlossen, wobei 19.000 EW der Belastung durch Einwohner entsprechen. Die restlichen Einwohnerwerte stammen aus der Indirekteinleitung der Nahrungsmittelindustrie. Die biologische Reinigung erfolgt im Belebtschlammverfahren. Ein Verfahrensschema der Anlage ist in Abbildung 61 dargestellt. Auf der Anlage wird seit 1996 eine Fällung betrieben. Sie wurde 2011 durch eine Regelung erweitert. Zurzeit wird je nach

PO_4-P-Konzentration im Ablauf der Belebung Eisen(III)-Chlorid in das Belebungsbecken gegeben (Abbildung 62).

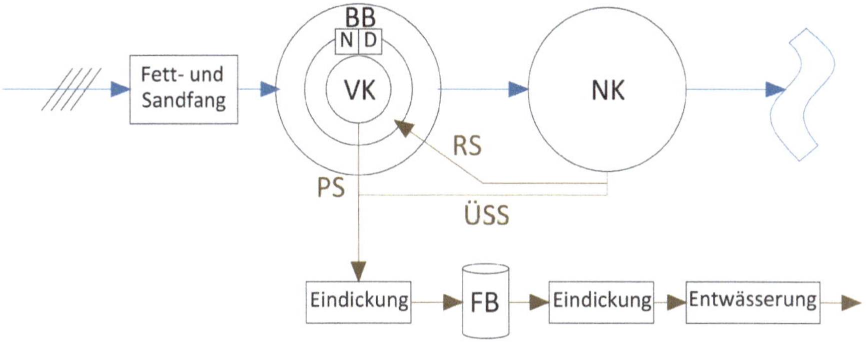

Abbildung 61: Verfahrensschema der Anlage D

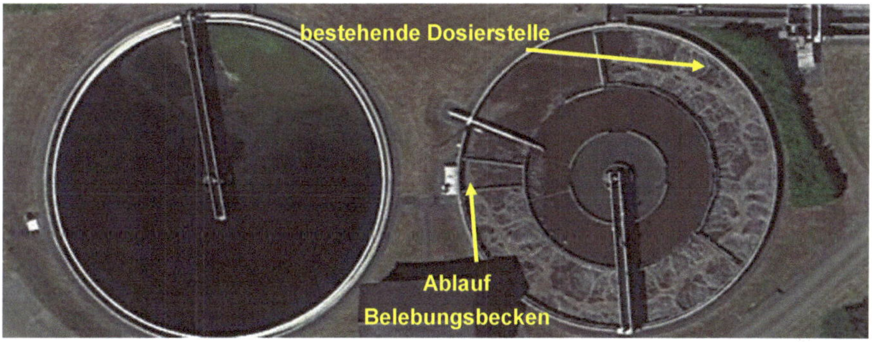

Abbildung 62: Vorklärung, Belebung und Nachklärung der Anlage D

Die Regelung enthält eine Abfluss-Aufschaltung. Der Zielwert beträgt 0,15 mg/l. Die Dosierung erfolgt etwa nach der halben Aufenthaltszeit in der Nitrifikation. Die Einmischung wird zum einen durch die Belüftung gewährleistet. Zum anderen wird mittels eines trichterförmigen Behälters ein Düsenstrahl erzeugt. Der pH-Wert liegt im Bereich der Flockung zwischen 6,4 und 6,8.

Die folgenden Anforderungen sind nach MP 2015 bis 2021 für eine Anlage der Größenklasse 4 einzuhalten:

- Überwachungswert $P_{ges} \leq 0{,}7$ mg/l,
- Eigenkontrollwert $P_{ges} \leq 0{,}5$ mg/l,
- Eigenkontrollwert PO_4-P (80-Perzentilwert) $\leq 0{,}2$ mg/l,
  Einzelwert ≤ zweifacher Anforderungskonzentration.

In Abbildung 63 sind die Zu- und Ablaufkonzentrationen sowie die Eliminationsleistung der Jahre 2005 bis 2018 bezüglich Gesamtphosphor dargestellt. Die Jahresmittel basieren auf den Eigenkontrolldaten der Anlage. Die Ablaufkonzentration wird täglich im Wechsel als 2 h-Probe und 24 h-Probe ermittelt. Bei der Ermittlung der P_{ges}-Konzentration aus einer 24 h-Probe ist die Probe zudem hinsichtlich der PO_4-P-Konzentration zu analysieren. Zu- und Ablaufwassermenge werden separat ermittelt. Die Eliminationsleistung bezieht sich auf die aus Konzentration und Durchflussmenge berechneten Frachten. Die Zulaufkonzentration schwankt in einem Bereich zwischen 3,7 mg/l und 5,5 mg/l. Demgegenüber weist die Ablaufkonzentration in den Jahren 2005 bis 2010 einen konstanten Wert auf. Seit 2011 nimmt die Ablaufkonzentration ab und beträgt 2018 im Jahresmittel 0,2 mg/l. Entsprechend der verbesserten Ablaufkonzentration ist die Eliminationsleistung auf 96 % gestiegen. Dies entspricht einem höheren Wert als der größenklassenspezifischen Durchschnittsleitung in Mittelhessen von 92,8 % (vgl. Abbildung 14).

Um eine Aussage über die Schwankungsbreite der einzelnen Ablaufwerte und Einhaltung der Anforderungen nach MP treffen zu können, werden die entsprechenden Werte in den folgenden Diagrammen betrachtet.

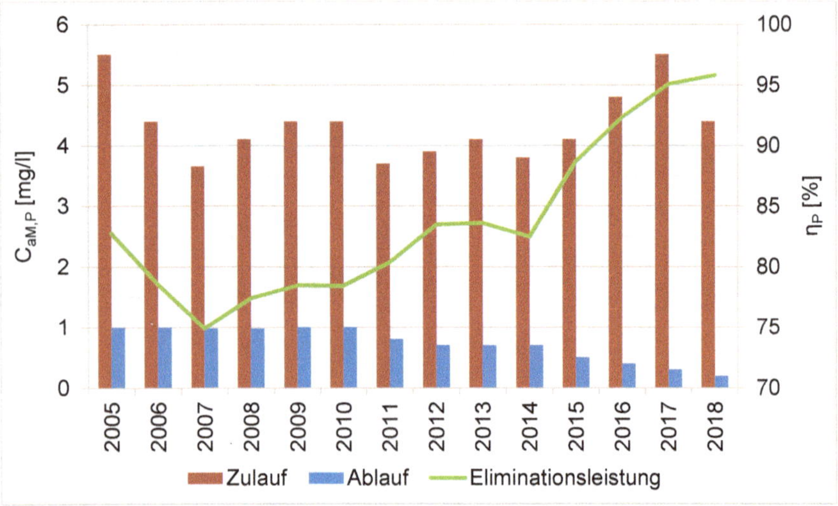

Abbildung 63: P_{ges}-Konzentration in Zu- und Ablauf sowie Eliminationsleistung der Anlage D, Jahre 2005 bis 2018, basierend auf Eigenkontrollen

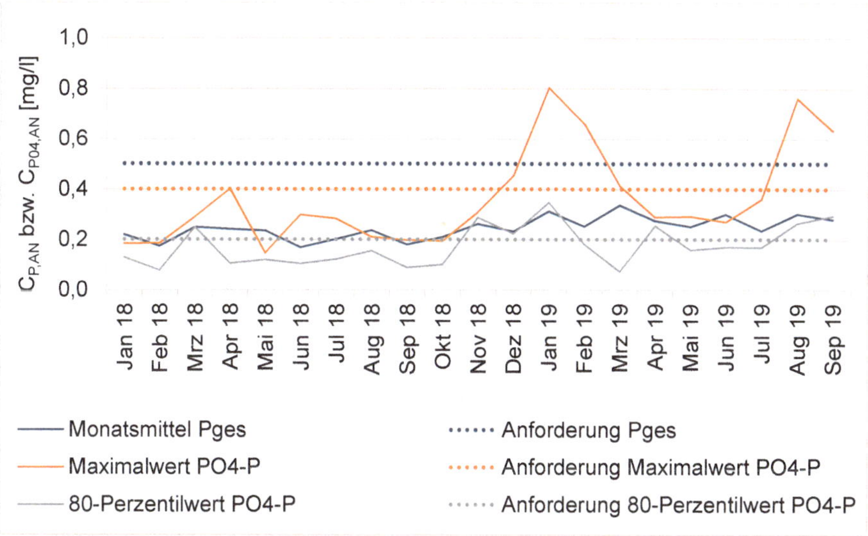

Abbildung 64: Verlauf der nachzuweisenden Betriebswerte der Anlage D mit entsprechendem Grenzwert nach MP, basierend auf den Eigenkontrolldaten

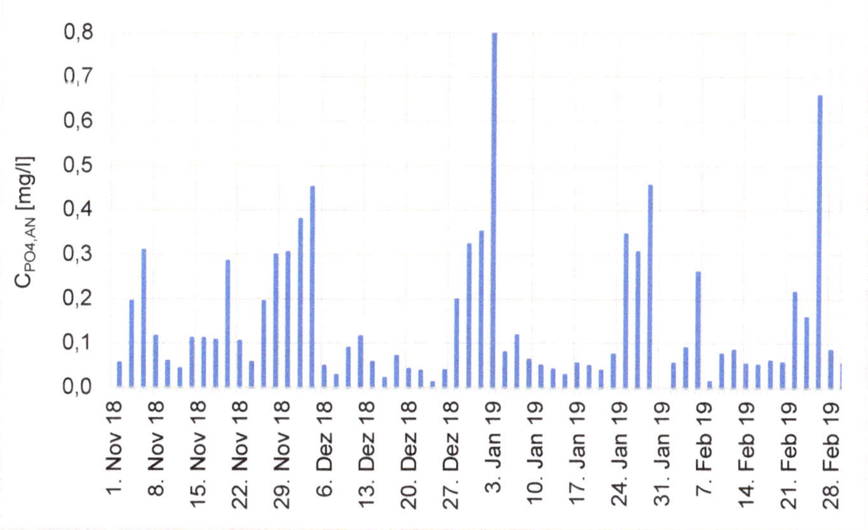

Abbildung 65: Einzelwerte der PO_4-P-Konzentration der Anlage D von November 2018 bis März 2019, basierend auf den Eigenkontrolldaten

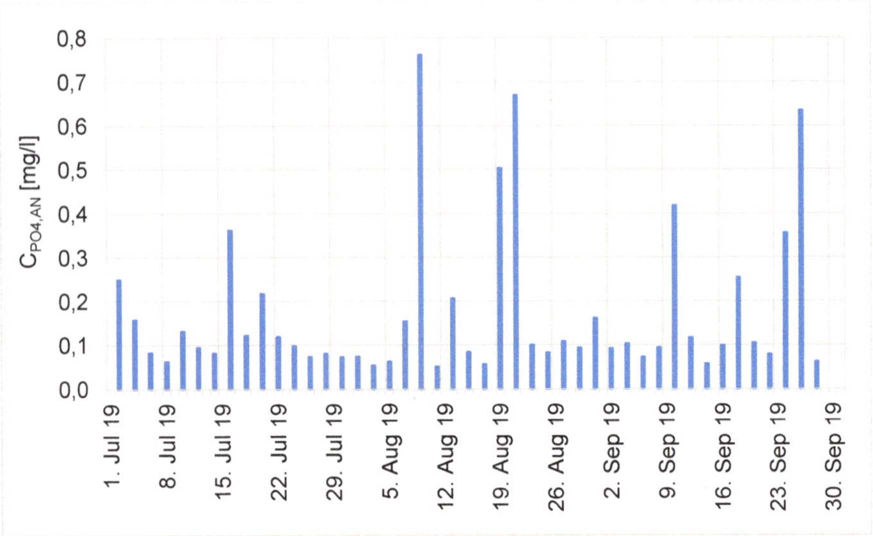

Abbildung 66: Einzelwerte der PO_4-P-Konzentration der Anlage D von Juli 2019 bis Oktober 2019, basierend auf den Eigenkontrolldaten

Während der Monatsmittelwert für Gesamtphosphor jederzeit eingehalten wird, kommt es bei den PO_4-P-Werten zu mehrmaligen Überschreitungen (vgl. Abbildung 64). In lediglich 12 von 21 Monaten konnten beide Anforderungen an PO_4-P erfüllt werden.

In Abbildung 65 und Abbildung 66 werden die aus 24 h-Proben ermittelten Einzelwerte der PO_4-P-Konzentration im Zeitraum von November 2018 bis März 2019 und Juli 2019 bis Oktober 2019 betrachtet. Die Nichteinhaltungen der Anforderung an den PO_4-P-Maximalwert in den Monaten von Dezember 2018 bis März 2019 sowie August und September 2019 resultieren aus ein- bis dreimaligen monatlichen Überschreitungen des Grenzwertes (0,4 mg/l), wobei Proben in zweitägigem Rhythmus analysiert wurden. Außerdem wird die Anforderung an den PO_4-P-80-Perzentilwert in den Monaten November und Dezember 2018 sowie Januar, August und September 2019 überschritten. Abbildung 65 und Abbildung 66 zeigen auch, dass zahlreiche Konzentrationen weit unterhalb von 0,2 mg/l liegen. Laut Verbandsingenieur kommt es infolge der Indirekteinleitung der Nahrungsmittelindustrie zu Phosphat-Stößen, auf die das Regelungssystem nicht schnell genug reagieren kann. Daraus resultieren erhöhte Phosphatwerte im Ablauf der Anlage. Aus dem Prozesswasser sind keine erhöhten Phosphatbelastungen zu erwarten, da dem Schlamm vor Eindickung Eisen(III)-Chlorid zugegeben wird. Dadurch wird möglicherweise gelöstes Phosphat im Schlamm als Feststoff zurückgehalten.

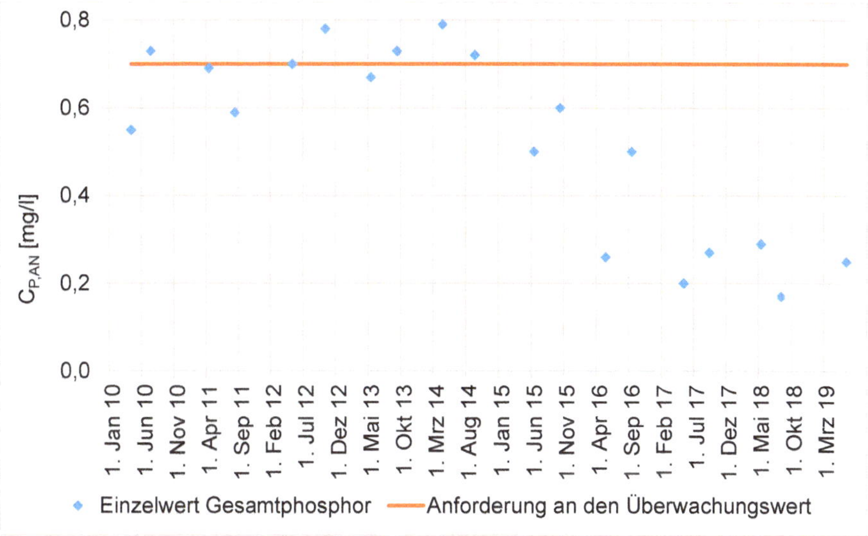

Abbildung 67: P_{ges}-Einzelwerte der StAbwU von Anlage D und Anforderung an den Überwachungswert nach MP

In Abbildung 67 werden die im Zuge der StAbwU ermittelten Einzelwerte betrachtet. Die Werte der StAbwU liegen in den letzten drei Jahren mit maximal 0,5 mg/l weit unterhalb der Anforderung.

Der Verbrauch an Fällmittel der Jahre 2005 bis 2018 ist in Abbildung 68 dargestellt. Die Daten entsprechen den Angaben in den Eigenkontrollberichten. In den Jahren 2005 und 2006 wurde unter anderem Kalk zur Fällung verwendet. Seit 2007 wird lediglich Fällmittel verwendet, das Aluminium- oder Eisen-Ionen enthält. Der zunächst stark unterschiedliche Fällmittelverbrauch der Jahre 2008 und 2009 gegenüber den Vorjahren schwankt seit 2010 in einem Bereich zwischen 60 t/a und 120 t/a. Im Jahr 2018 wurden 64 t Fällmittel verbraucht. Das entspricht, bezogen auf die eliminierte Phosphatfracht, einem spezifischen Verbrauch von 4,8 kg Fällmittel/kg P_{el}. Bei Betrachtung der Fällmittelmengen ist zu berücksichtigen, dass der Gehalt an Wirksubstanz je nach Art des Fällmittels variiert. Die genauen Verbrauchsmengen der einzelnen auf der Anlage verwendeten Fällmittel sowie deren Wirksubstanzgehalte sind jedoch nicht bekannt.

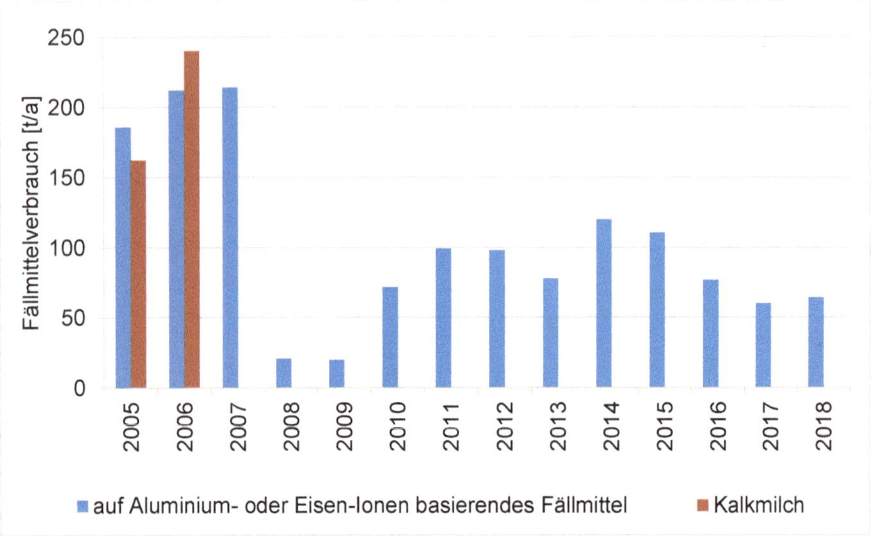

Abbildung 68: Absoluter Fällmittelverbrauch der Jahre 2005 bis 2018 von Anlage D, basierend auf den Eigenkontrolldaten

Ebenso kann keine Aussage über die Qualität des Fällmittels getroffen werden. Es wird davon ausgegangen, dass regelmäßige Qualitätskontrollen beim Hersteller stattfinden. Eine schlechte Produktqualität kann auf der Anlage meist nicht mehr erkannt werden, da Fällmittel einer neuen Lieferung mit noch im Tank enthaltenem Fällmittel vermischt wird. Eine zu erwartende erhöhte Korrosion durch den Einsatz von Eisen(III)-Chlorid konnte nicht beobachtet werden. Es wird vermutet, dass der Biofilm die Anlagenteile weitestgehend vor Korrosion schützt.

Störungen an der Dosieranlage sind bekannt und werden dem Alter der Dosieranlage zugeschrieben, die seit 1996 eingesetzt wird. Es ist geplant, die Dosieranlage mit einer Optimierung der Phosphatentfernung im Jahr 2020 zu ersetzen.

Die Betriebskosten betragen im Jahr etwa 16.000 €. Darin enthalten sind die Wartung und Analytik durch Dritte sowie Reagenz und Fällmittel. Die Abschreibung wurde bei der Ermittlung der Kosten nicht berücksichtigt.

Der Aufwand, bezogen auf die Phosphorelimination, beträgt personell 1,5 Stunden pro Woche. Er setzt sich aus täglichen Sichtkontrollen, Messungen und Dosierungen sowie regelmäßigen Filterreinigungen zusammen.

Zusätzlich zum auf der Anlage anfallenden Schlamm wird Klärschlamm von drei weiteren Anlagen des Verbandsgebietes angenommen. Dieser wird in unregelmäßigen Abständen, je nach Klärschlammanfall auf den einzelnen Anlagen, angeliefert und entwässert. Wieviel

Schlamm auf der Anlage selbst anfällt, kann nicht nachgewiesen werden. Der Verbandsingenieur weist weiterhin daraufhin, dass der Schlammanfall von unterschiedlichen Faktoren beeinflusst wird. So kann beispielsweise bei einem Starkregenereignis der Schlammanfall aufgrund der hohen Erosion stark ansteigen.

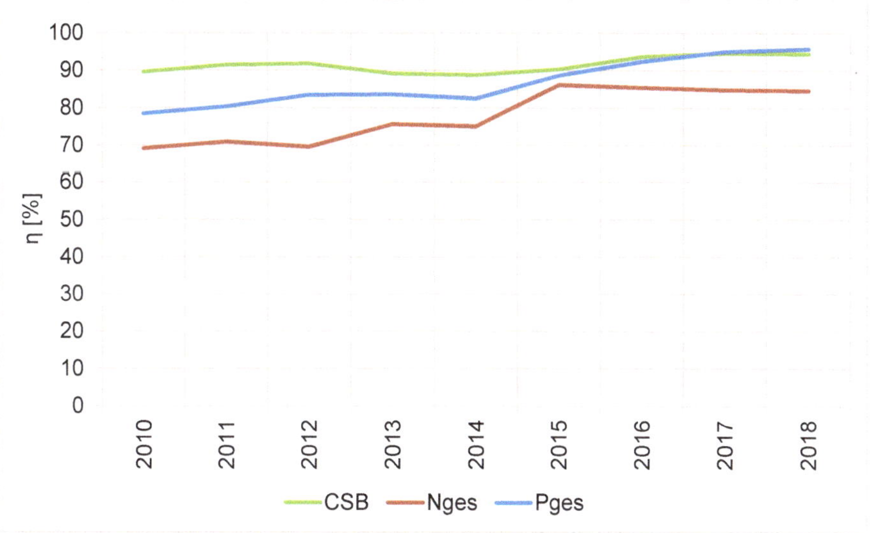

Abbildung 69: CSB-, N_{ges}- und P_{ges}-Eliminationsleistungen der Anlage D, basierend auf den Eigenkontrolldaten

In Abbildung 69 werden die Eliminationsleistungen hinsichtlich CSB, N_{ges} und P_{ges} gegenübergestellt. Die Eliminationsleistung wird unter anderem jeweils aus der entsprechenden Konzentration berechnet. Die Zulaufkonzentrationen und die CSB-Ablaufkonzentration sind nach EKVO (2010) mindestens wöchentlich zu messen. Die N_{ges}-Ablaufkonzentration ist mindestens täglich zu ermitteln. Im Mittel steigen sowohl CSB- und N_{ges}- als auch die P_{ges}-Eliminationsleistung an.

Die Anlage kann die Anforderungen an das P_{ges}-Monatsmittel bereits einhalten. Allerdings werden die Anforderungen bezüglich der PO_4-P-Konzentration gelegentlich überschritten. Zur weiteren Reduzierung der Phosphatemissionen sind für das Jahr 2020 weitere Maßnahmen geplant. Um Stoßbelastungen frühzeitig zu erkennen, soll die Phosphatbelastung im Zulauf der Anlage kontinuierlich gemessen werden. Dadurch verbessert sich die Reaktionszeit in der Regelungsstrecke und es kann den Stößen mittels erhöhter Fällmittelzugabe entgegengewirkt werden. Außerdem soll ein weiterer Fällmitteltank zur Verfügung stehen, in dem aluminiumhaltiges Fällmittel gelagert wird. Dieses soll nur zeitweise zum Einsatz kommen, um Fadenbakterien zu bekämpfen. Von einer dauerhaften Anwendung wird abgesehen, da nicht riskiert werden soll, dass sich Aluminium eventuell schädlich auf das Gewässer auswirkt. Des Weiteren werden zusätzliche Dosierstellen in Erwägung gezogen. Die bestehende Dosierstelle würde demnach als zweite Dosierstelle dienen. Ihr wird eine Dosierstelle vorgeschaltet. Die erste von zwei möglichen Varianten stellt die Dosierung in den Zulauf der Vorklärung dar. Es besteht dort ein Absturz des Abwasserstroms, der zur Einmischung genutzt werden könnte. Die zweite Variante wäre es, in den Rücklaufstrom zu dosieren, entweder direkt in oder am Austritt der Rohrleitung. Aufgrund der Mitentfernung von organischen Stoffen bei der Fällung wird momentan die Zugabe in den Rücklaufschlammstrom bevorzugt. Ein zu geringer Gehalt an leicht abbaubarem Substrat beeinträchtigt Bio-P. Eine erhöhte biologische Phosphoraufnahme wird zwar nicht gezielt betrieben, ist aber erwünscht. Weiterhin wird in Erwägung gezogen, eine dritte Dosierstelle zu integrieren, bei der Fällmittel in den Ablauf der Belebung hinzugegeben wird. Diese soll nur in Notsituationen zum Einsatz kommen und manuell betrieben werden.

5.6 Anlage E (68.000 EW)

Die Ausbaugröße der Anlage E beträgt 68.000 EW (Größenklasse 4). Tatsächlich sind aktuell 64.167 EW angeschlossen. Unter anderem wird das Abwasser aus Kliniken in die Abwasserbehandlungsanlage eingeleitet. Biologisch gereinigt wird im Belebtschlammverfahren. Ein vereinfachtes Verfahrensschema der Anlage ist in Abbildung 70 dargestellt.

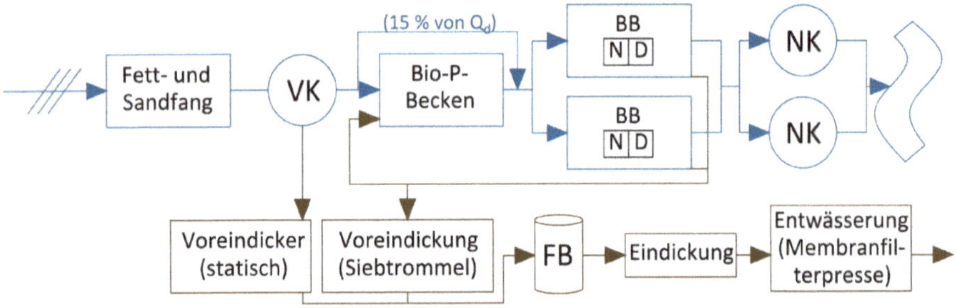

Abbildung 70: Verfahrensschema der Anlage E

Seit 1996 wird auf der Anlage eine Simultanfällung als 1-Punkt-Fällung betrieben. Als Fällmittel wird üblicherweise Eisen(III)-Chlorid verwendet. In den Wintermonaten wird ein Eisen-Aluminium-Gemisch dosiert, um der vermehrten Bildung von Fadenbakterien entgegenzuwirken. Die Fällmittelmenge wird in Abhängigkeit von der PO_4-P-Konzentration im Ablauf der Belebung geregelt. Wahlweise wird die Konzentration im Zulauf der Belebung gemessen, so dass die Dosiermenge gesteuert wird. Der pH-Wert liegt im Flockungsbereich bei durchschnittlich 6,9. Die Phosphorelimination wurde 1999 um ein Becken zur erhöhten biologischen Phosphoraufnahme erweitert. Der Sauerstoffgehalt wird während der Nitrifikation in der Belebung auf etwa 0,62 mg/l gehalten. Der Überschussschlamm wird durch eine Siebtrommel voreingedickt und anschließend ausgefault. Der gefaulte und nacheingedickte Schlamm wird mittels Membranfilterpresse entwässert.

Die folgenden Anforderungen sind nach MP für eine Anlage der Größenklasse 4 einzuhalten:

- Überwachungswert $P_{ges} \leq 0,7$ mg/l,
- Eigenkontrollwert $P_{ges} \leq 0,5$ mg/l
- Eigenkontrollwert PO_4-P (80-Perzentilwert) ≤ 0,2 mg/l,
  Einzelwert ≤ zweifacher Anforderungskonzentration.

In Abbildung 71 sind die Zu- und Ablaufkonzentrationen sowie die Eliminationsleistung der Jahre 2005 bis 2018 bezüglich Gesamtphosphor dargestellt. Die Jahresmittel basieren auf den Eigenkontrolldaten. Nach EKVO (2010) ist die Konzentration an P_{ges} im Zulauf der Anlage mindestens wöchentlich zu messen. Im Ablauf der Anlage wird die P_{ges}-Konzentration täglich ermittelt, im Wechsel als 2 h- und 24 h-Probe. Im Zuge der Analyse einer 24 h-Probe hinsichtlich der P_{ges}-Konzentration ist aus dieser zudem die PO_4-P-Konzentration zu ermitteln.

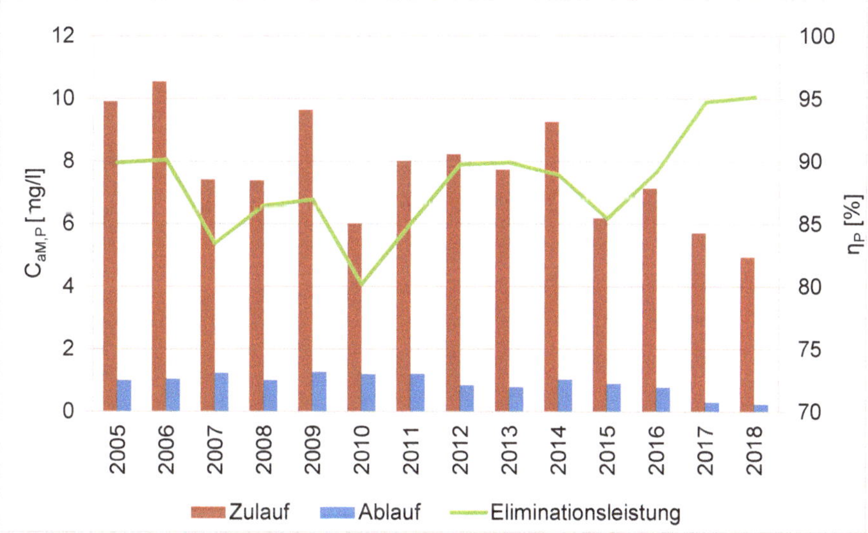

Abbildung 71: P_{ges}-Konzentration in Zu- und Ablauf sowie Eliminationsleistung der Anlage E, Jahre 2005 bis 2018, basierend auf Eigenkontrollen

Die P_{ges}-Zulaufkonzentration schwankt zwischen 4,9 mg/l und 10,5 mg/l. In den Jahren 2005 bis 2014 liegt die Konzentration im Jahresmittel in einem Bereich zwischen 0,8 mg/l und 1,3 mg/l. Seit 2014 sinkt die Ablaufkonzentration. Im Jahr 2018 weist der Abfluss aus der

Anlage im Schnitt eine Konzentration von 0,24 mg/l auf. Die Eliminationsleistung ist dementsprechend in den letzten Jahren gestiegen. 2018 werden 95 % der P_{ges}-Zulauffracht aus dem Abwasser entfernt.

In Abbildung 72 sind die relevanten Betriebswerte nach MP veranschaulicht. Im Mittel steigt die P_{ges}-Konzentration im Ablauf von Januar 2019 bis Juni 2019 an. Im 1. Halbjahr 2019 konnte die Anforderung an den P_{ges}-Monatsmittelwert jederzeit eingehalten werden. Schwierigkeiten bereitet die Einhaltung der Anforderungen bezüglich der PO_4-P-Konzentration. Der Grenzwert des 80-Perzentilwertes kann in keinem Monat eingehalten werden und wird zeitweise sogar um 100 % übertroffen. Der Grenzwert des Maximalwertes wird lediglich in zwei von sechs Monate unterschritten. Die PO_4-P-Einzelwerte sind in Abbildung 73 dargestellt. Das Maximum (0,4 mg/l) wird in den Monaten Februar, April, Mai und Juni überschritten. Im April überschreiten sogar vier Messwerte 0,4 mg/l. Wie in Abbildung 72 dargestellt, wird die Anforderung an den 80-Perzentilwert nicht erreicht. Selbst die Medianwerte (hier nicht dargestellt) liegen nicht unterhalb von 0,2 mg/l. Die Hälfte der Werte liegt oberhalb von 0,3 mg/l. Nur etwa 20 % der gemessenen Konzentrationen betragen weniger als 0,2 mg/l.

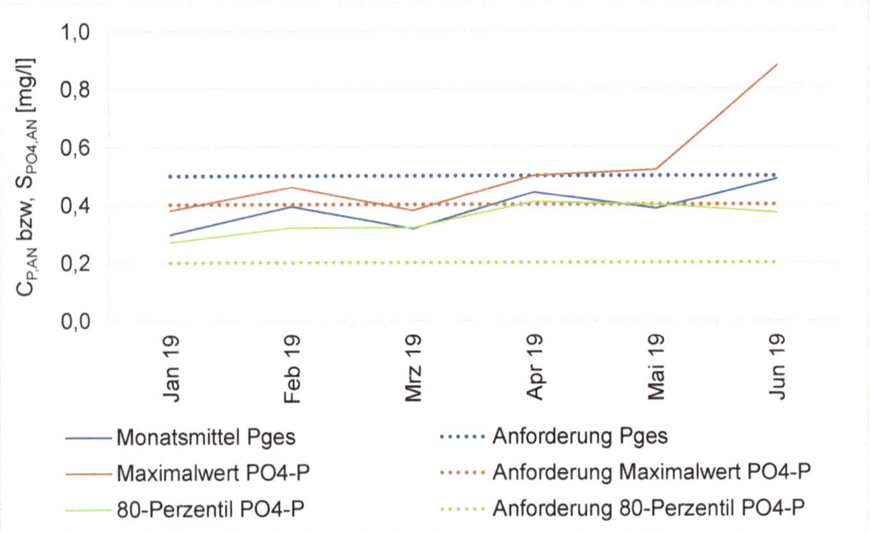

Abbildung 72: Verlauf der nachzuweisenden Betriebswerte der Anlage E mit entsprechendem Grenzwert nach MP, basierend auf den Eigenkontrolldaten

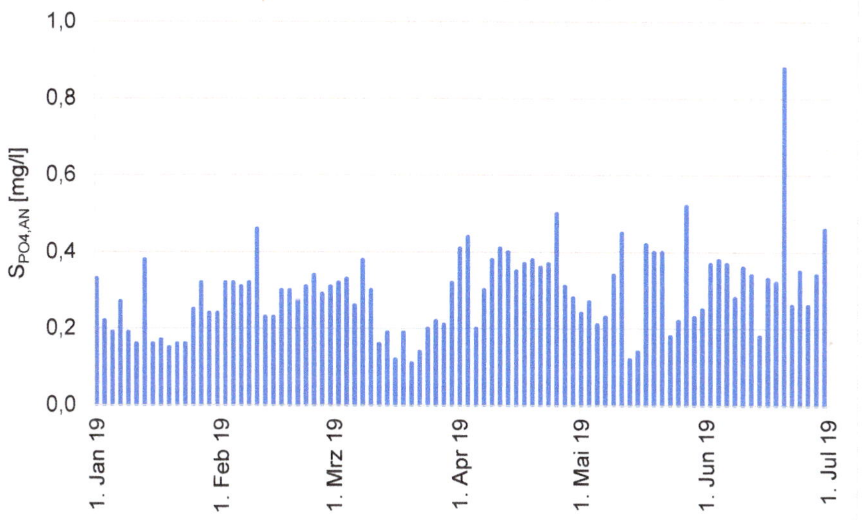

Abbildung 73: Einzelwerte der PO_4-P-Konzentration der Anlage D von Januar 2019 bis Juni 2019, basierend auf den Eigenkontrolldaten

Laut Ansprechpartner der Anlage treten keine Phosphatstöße infolge Prozesswasserrückführung oder industrieller Indirekteinleitung auf. Zum anderen ist der Rückführung in den Hauptstrom ein Speicherbecken vorgeschaltet. Das Prozesswasser wird dort zwischengespeichert und je nach Ammonium-, Nitrat- und PO_4-P-Konzentration im Belebungsbecken in den Zulauf der Anlage wieder eingeleitet.

Auffällig ist, dass die hohen PO_4-P-Konzentrationen im Ablauf über einen längeren Zeitraum anhalten.

Die im Zuge der StAbwU ermittelten Werte liegen seit 2017 mit maximal 0,21 mg/l unterhalb der Anforderung an den Überwachungswert von 0,7 mg/l (vgl. Abbildung 74).

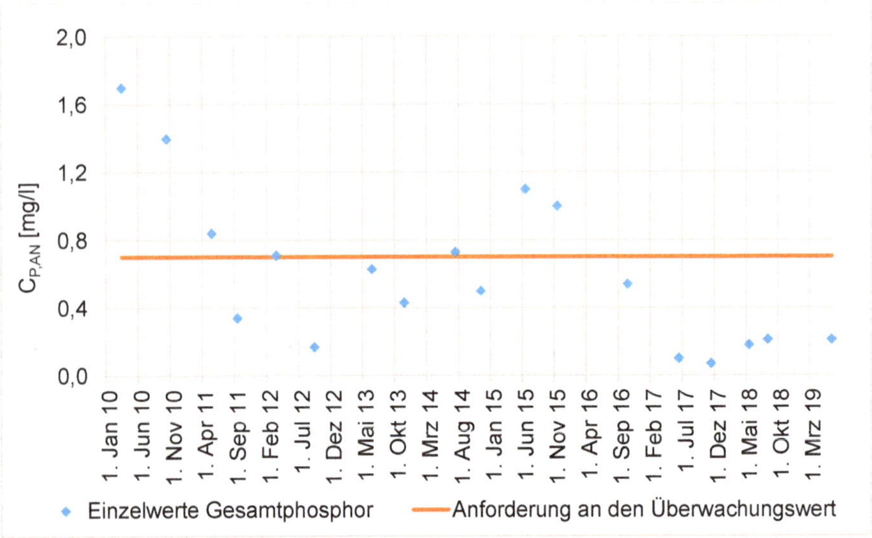

Abbildung 74: P_{ges}-Einzelwerte der StAbwU von Anlage E und Anforderung an den Überwachungswert nach MP

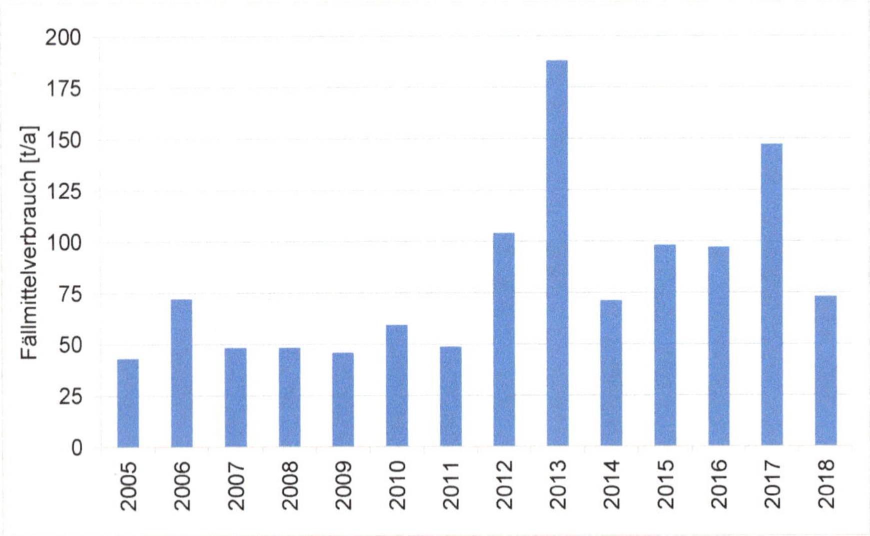

Abbildung 75: Absoluter Fällmittelverbrauch von Anlage E in den Jahren 2005 bis 2018, basierend auf den Eigenkontrolldaten

Die Verbrauchsmenge an Fällmittel weist teilweise starke Schwankungen auf (vgl. Abbildung 75). 2018 wurden ca. 75 t Fällmittel verbraucht. Da unterschiedliche Arten von Fällmittel verwendet werden und die jeweiligen Anteile der Mengen am Gesamtverbrauch nicht bekannt sind, kann der K_P-Wert nicht berechnet werden.

Der Aufwand bezüglich Phosphorelimination beläuft sich auf etwa 4 h/Woche. Davon werden 2 Stunden für die Analytik und weitere 2 Stunden für die Online-Messtechnik aufgewendet.

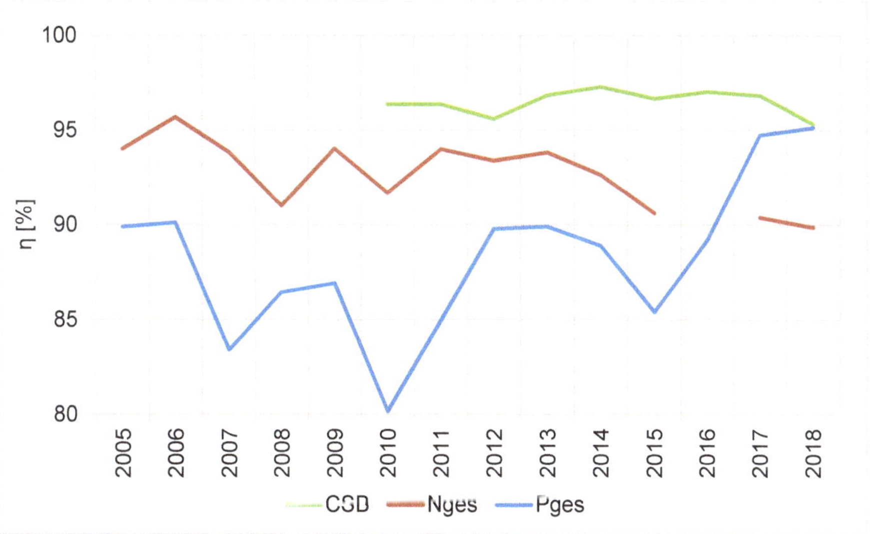

Abbildung 76: CSB-, N_{ges}- und P_{ges}-Eliminationsleistungen der Anlage E, basierend auf den Eigenkontrolldaten

Die Eliminationsleistungen bezüglich CSB, N_{ges} und P_{ges} sind den dargestellten Verläufen aus Abbildung 76 zu entnehmen. Die Eliminationsleistung von P_{ges} ist seit 2005 tendenziell leicht gestiegen. Demgegenüber weist die N_{ges}-Eliminationsleistung einen fallenden Verlauf auf. Die CSB-Eliminationsleistung ist in etwa gleichbleibend.

Insgesamt weist die Anlage noch Probleme auf, die Anforderungen bezüglich PO_4-P einzuhalten. Auch die P_{ges}-Monatsmittel können teilweise nur knapp eingehalten werden. Für das Jahr 2020 soll die Phosphorelimination noch weiter optimiert werden. Konkrete Planungen lagen zum Zeitpunkt der Untersuchungen noch nicht vor.

5.7 Anlage F (78.000 EW)

Anlage F wurde für 78.000 EW bemessen und entspricht demnach der Größenklasse 4. Aktuell sind 105.000 EW angeschlossen, davon 19.000 Einwohner. Die Besonderheit der Anlage ist, dass Abwässer aus einer Molkerei eingeleitet werden, die einen Großteil der CSB-Belastung ausmachen. Zudem besteht eine Indirekteinleitung aus einem Färbereibetrieb. Die biologische Reinigung erfolgt im Belebtschlammverfahren. Ein Verfahrensschema der Anlage ist in Abbildung 77 dargestellt.

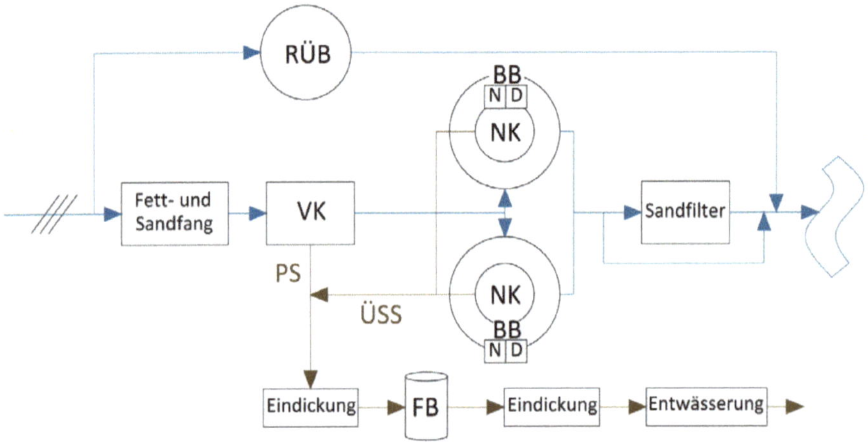

Abbildung 77: Verfahrensschema der Anlage F

Auf der Anlage wird eine Zwei-Punkt-Fällung betrieben. Die erste Dosierstelle befindet sich im Zulauf der Vorklärung (vgl. Abbildung 78 links). Zugegeben wird eine konstante Dosiermenge. Die Einmischung wird durch einen Wechselsprung gewährleistet. Des Weiteren wird Fällmittel im Zulauf der Belebung in einen Quelltopf dosiert (vgl. Abbildung 78 rechts). Die Menge ist abhängig von der P_{ges}-Konzentration im Ablauf der Belebung. Außerdem beinhaltet die Regelung eine Grunddosiermenge. Beide Dosierstellen wurden ursprünglich nicht zur Phosphatentfernung implementiert. Die Anlage wurde auf eine erhöhte biologische Phosphoraufnahme bemessen. Bio-P ist jedoch unerwünscht, da es vermehrt zu MAP-Ablagerungen in der Schlammbehandlung kommt. Um Bio-P zu verhindern, wird zum einen der zunächst zur Phosphatrücklösung vorgesehene Teil des Belebungsbeckens zur Denitrifikation genutzt. Zum anderen wird Fällmittel in den Zulauf der Vorklärung gegeben, um unter anderem leicht abbaubares Substrat, das zur Rücklösung benötigt wird, zu entfernen. Die zweite Dosierstelle, bei der aluminiumhaltiges Fällmittel in konstanter Menge zugegeben wurde, diente ursprünglich lediglich der Bekämpfung von Fadenbakterien. Auch heute noch kann Aluminium als Fällmittel verwendet werden, sobald es zu einer vermehrten Bildung von Fadenbakterien kommt und der Schlammindex sich somit verschlechtert. Aus wirtschaftlichen und ökologischen Gründen wird jedoch bevorzugt Eisen(III)-Chlorid als Fällmittel eingesetzt.

Abbildung 78: Dosierstellen der Anlage F: links: im Zulauf der Vorklärung; rechts: im Zulauf der Belebung

Auf der Anlage kommt zudem ein Sandfilter zum Einsatz, der der Nachklärung nachgeschaltet ist. Laut Angaben des Geschäftsführers wird durch den Sandfilter jedoch kaum Phosphat eliminiert. Er dient vor allem der Reduktion der aus dem Anschluss der Molkerei resultierenden hohen CSB-Fracht.

Nach MP sind die folgenden Anforderungen für eine Anlage der Größenklasse 4 einzuhalten:

- Überwachungswert $P_{ges} \leq 0{,}7$ mg/l,
- Eigenkontrollwert $P_{ges} \leq 0{,}5$ mg/l,
- Eigenkontrollwert PO_4-P (80-Perzentilwert) $\leq 0{,}2$ mg/l,
  Einzelwert ≤ zweifacher Anforderungskonzentration.

Die P_{ges}-Konzentration der Jahre 2005 bis 2018 ist jeweils für Zu- und Ablauf mit Eliminationsleistung in Abbildung 79 und Abbildung 80 dargestellt. Die Jahresmittel basieren auf den Eigenkontrolldaten der Anlage. Die Konzentration an P_{ges} im Zulauf der Anlage wird mindestens einmal pro Woche gemessen. Die P_{ges}-Ablaufkonzentration wird täglich aus einer 24-h-Probe ermittelt. Im 2-Tages-Rhythmus wird die 24-h-Probe zur Ermittlung der P_{ges}-Konzentration zudem hinsichtlich der Konzentration an PO_4-P analysiert.

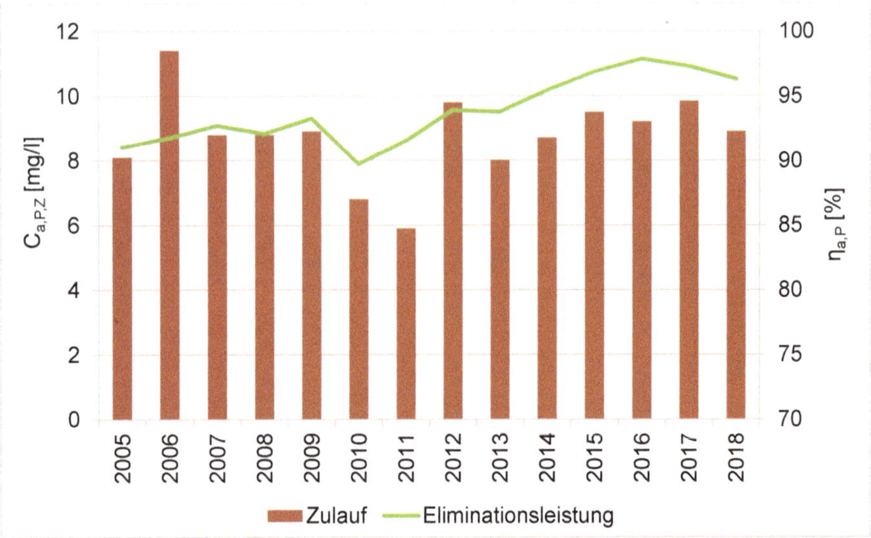

Abbildung 79: P_{ges}-Zulaufkonzentration und Eliminationsleistung der Anlage F, basierend auf den Jahresmitteln der Eigenkontrollen

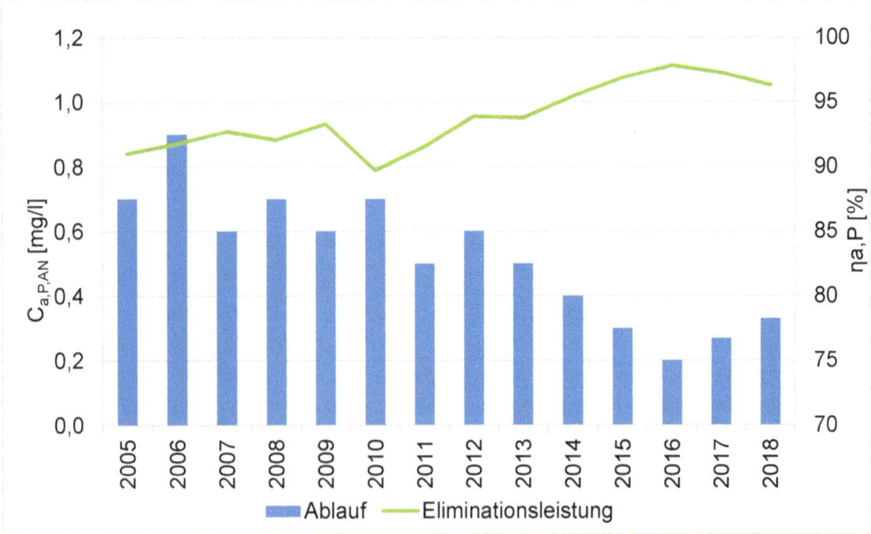

Abbildung 80: P_{ges}-Ablaufkonzentration und Eliminationsleistung der Anlage F, basierend auf den Jahresmitteln der Eigenkontrollen

Es ist erkennbar, dass die Ablaufkonzentration in den Jahren 2010 bis 2016 trotz steigender Zulaufkonzentration abgenommen hat. Die Ablaufkonzentration weist 2016 im Jahresmittel ein Minimum von 0,2 mg/l auf. Sie ist seit 2016 auf einen Wert von 0,33 mg/l im Jahr 2018 gestiegen. Entsprechend der geringen Ablaufkonzentration werden 2018 etwa 96 % des Gesamtphosphors im Zulauf der Anlage aus dem Abwasser eliminiert. Die Leistung liegt somit über der durchschnittlichen Eliminationsleistung von 93 % (vgl. Abbildung 14).

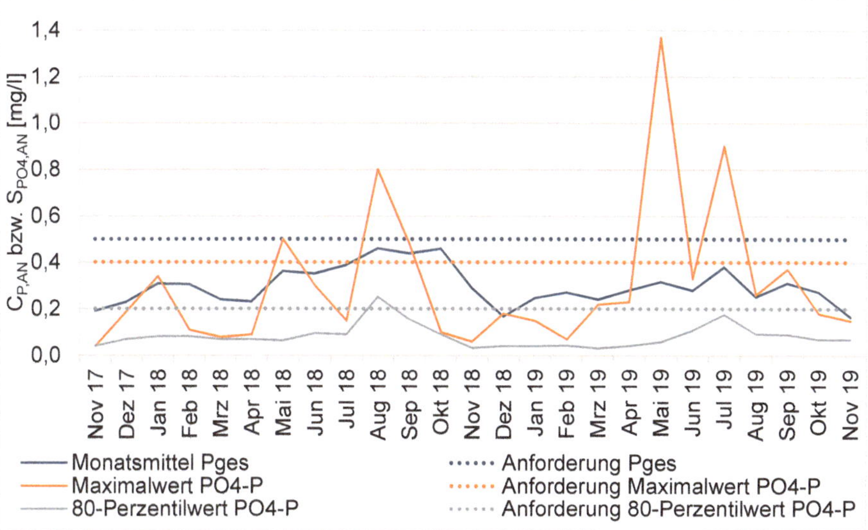

Abbildung 81: Verlauf der nachzuweisenden Betriebswerte der Anlage F mit entsprechendem Grenzwert nach MP, basierend auf den Eigenkontrolldaten

In Abbildung 81 werden die Betriebswerte der Anlage von November 2017 bis November 2019 betrachtet. Während der Monatsmittelwert bezüglich Gesamtphosphor jederzeit eingehalten wird, kommt es bei den PO_4-P-Werten zu mehrmaligen Überschreitungen. In 5 von 25 Monaten kann die Anforderung an den PO_4-P-Wert nicht eingehalten werden. Im Folgenden werden die Einzelwerte der ermittelten PO_4-P-Konzentration im Zeitraum von Mai bis Oktober 2018 und Mai bis August 2019 betrachtet (Abbildung 82 und Abbildung 83). Die Überschreitungen der Anforderung an den PO_4-P-Maximalwert in Mai, August und September 2018 resultieren aus ein- bis viermaligen monatlichen Überschreitungen des Grenzwertes (0,4 mg/l). Außerdem wird die Anforderung an den PO_4-P-80-Perzentilwert im August 2018 überschritten. Abbildung 83 zeigt, dass vier Messungen respektive 25 % der Werte größer als 0,2 mg/l sind.

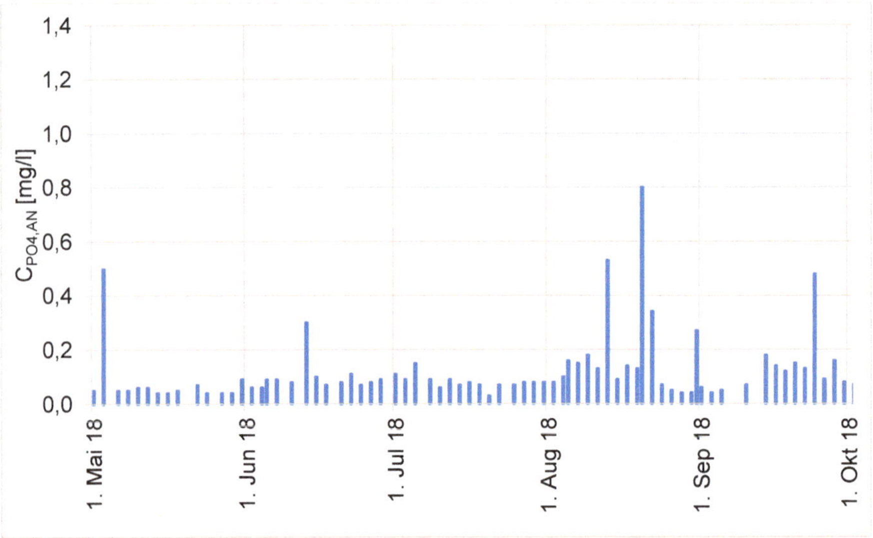

Abbildung 82: Einzelwerte der PO_4-P-Konzentration der Anlage F von Mai bis Oktober 2018, basierend auf den Eigenkontrolldaten

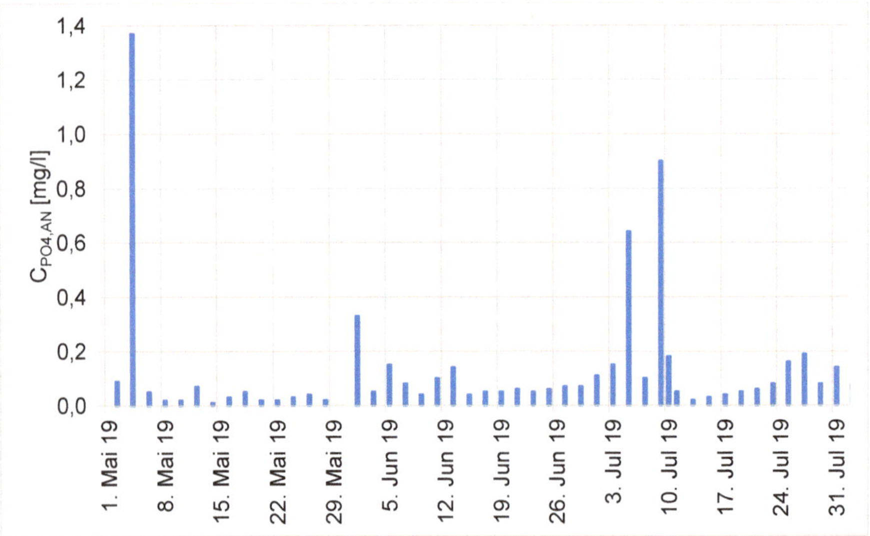

Abbildung 83: Einzelwerte der PO_4-P-Konzentration der Anlage F von Mai bis August 2019, basierend auf den Eigenkontrolldaten

Der PO_4-P-Maximalwert wird einmal im Mai 2019 und zweimal im Juli 2019 (Abbildung 83) überschritten. Besonders im Mai 2019 weisen die übrigen 13 Werte Konzentrationen weit unterhalb von 0,2 mg/l auf. Auch im Juli 2019 liegt kein weiterer Wert oberhalb von 0,2 mg/l.

Überschreitungen der Anforderungen treten lediglich infolge von einzelnen hohen Werten auf, was ein Auftreten von P-Stößen im Zulauf der Anlage oder eine Störung der Dosierung vermuten lässt. Laut Geschäftsführer treten Stöße der Phosphatfracht im Zulauf der Anlage teilweise bei Regenereignissen auf, die auf längere Trockenperioden folgen. Bei Trockenwetter wird vermutet, dass Phosphat-Stöße infolge von Gülle-Ablässen auftreten. Dies kann jedoch nicht nachgewiesen werden. Aus der Rückführung des Prozesswassers sind keine Phosphatstöße zu erwarten. Um einen möglichen Zusammenhang zwischen PO_4-P-Ablaufkonzentration und Regenereignissen zu prüfen, werden die Ablaufkonzentrationen den Tagesniederschlagshöhen gegenübergestellt. Betrachtet werden lediglich die beiden Zeiträume, bei denen es zu Überschreitungen der Anforderung an den PO_4-P-Grenzwert kommt (Abbildung 84 und Abbildung 85). Die Niederschlagshöhen basieren auf den täglichen Messdaten einer Station des DWD in unmittelbarer Nähe der Anlage. Die Daten können aus dem Climate Data Center des DWD entnommen werden.

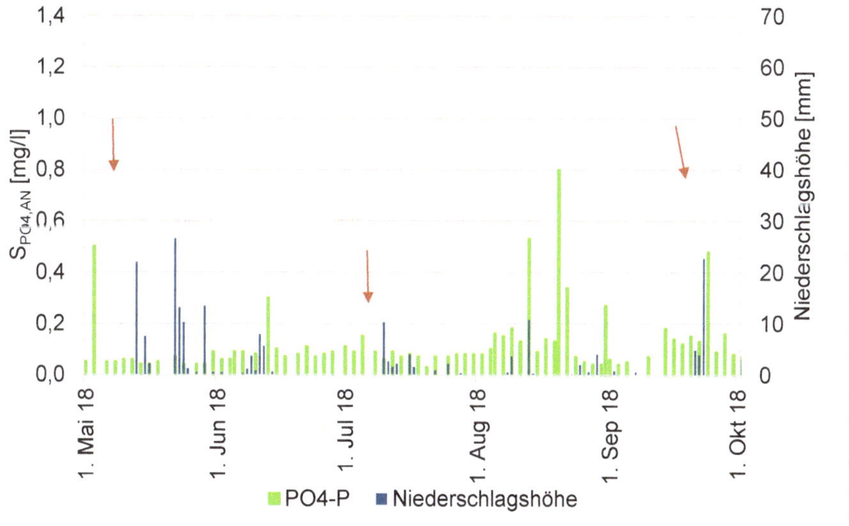

Abbildung 84: PO_4-P-Einzelwerte der Eigenkontrollen von Anlage F und Tagesniederschlagshöhen im zugehörigen Einzugsgebiet von Mai bis Oktober 2018

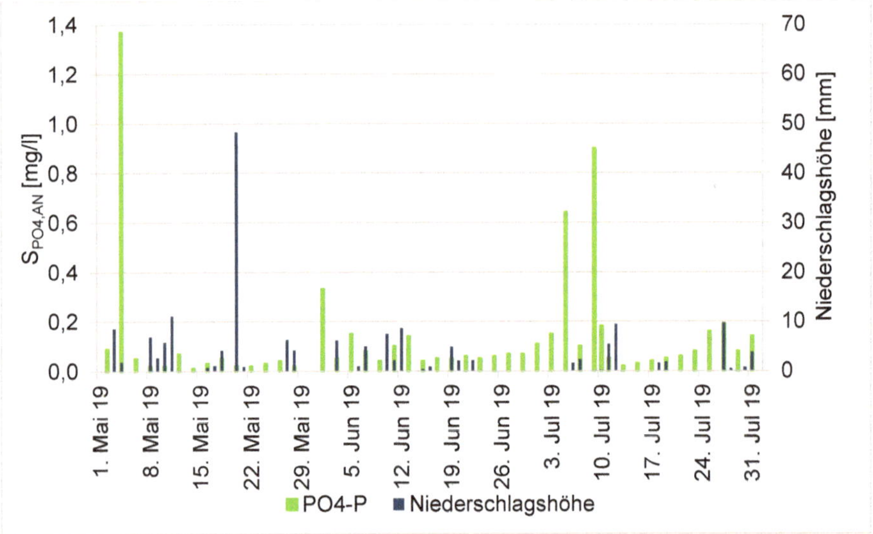

Abbildung 85: PO_4-P-Einzelwerte der Eigenkontrollen von Anlage F und Tagesniederschlagshöhen im zugehörigen Einzugsgebiet von Mai bis August 2019

Die roten Pfeile markieren Regenereignisse, die auf eine Trockenperiode folgen. Bei einer der drei markierten Zeitpunkte folgt auf ein Regenereignis eine vergleichsweise hohe Ablaufkonzentration. Den zwei weiteren Regenereignissen sind keine erhöhten Ablaufkonzentrationen nachgeschaltet. Ein Zusammenhang der erhöhten Ablaufkonzentration mit Regenereignissen kann somit allein aus der Gegenüberstellung mit der Niederschlagshöhe nicht aufgezeigt werden. Zur genaueren Betrachtung wären unter anderem Informationen über den genauen Ablauf einzelner Regenereignisse, über Fließzeiten und gemessene Zulaufkonzentrationen notwendig.

In Abbildung 86 sind die P_{ges}-Einzelwerte der StAbwU von November 2017 bis November 2019 dargestellt. Seit mehreren Jahren weisen die im Zuge der StAbwU gemessenen P_{ges}-Ablaufkonzentrationen Werte unterhalb der Anforderung nach MP auf.

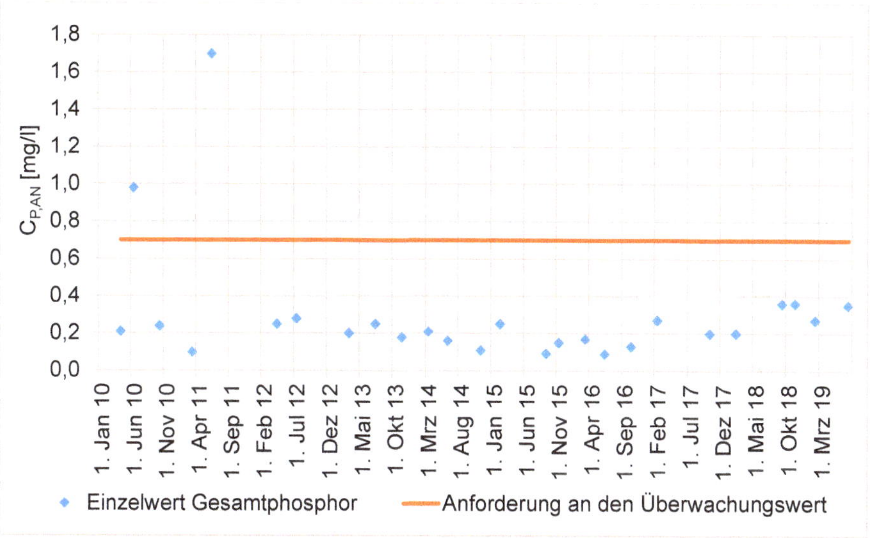

Abbildung 86: P_{ges}-Einzelwerte der StAbwU von Anlage F und Anforderung an den Überwachungswert nach MP

Insgesamt können die Anforderungen größtenteils eingehalten werden. Es treten lediglich vereinzelt hohe PO_4-P-Ablaufkonzentrationen auf, deren Ursache sich im Zuge dieser Studie nicht nachvollziehen lässt. Vermutete Ursachen stellen Gülle-Ablässe und einzelne Regenereignisse dar, aus denen erhöhte Phosphat-Konzentrationen im Zulauf der Anlage resultieren. P-Stöße infolge Prozesswasser-Rückführung sind nicht zu erwarten. Ihnen wird unter anderem wie folgt entgegengewirkt. Dem Schlamm wird während der Eindickung Eisen(III)-Chlorid zugegeben, so dass sich während der Schlammbehandlung möglicherweise rückgelöstes Phosphat mit den Eisenkationen zu schwerlöslichem Eisenphosphat verbindet und im Schlamm rückgehalten wird.

Die Fällung während der Eindickung wird folgendermaßen realisiert. Es stehen zwei Behälter zur Verfügung. Der erste Behälter wird zunächst gefüllt. Ab einem bestimmten Füllstand wird der Schlamm in den zweiten Behälter gepumpt. Das Fällmittel wird in das Rohr der Überleitung dosiert (Abbildung 87). Die Menge der Dosierung ist konstant.

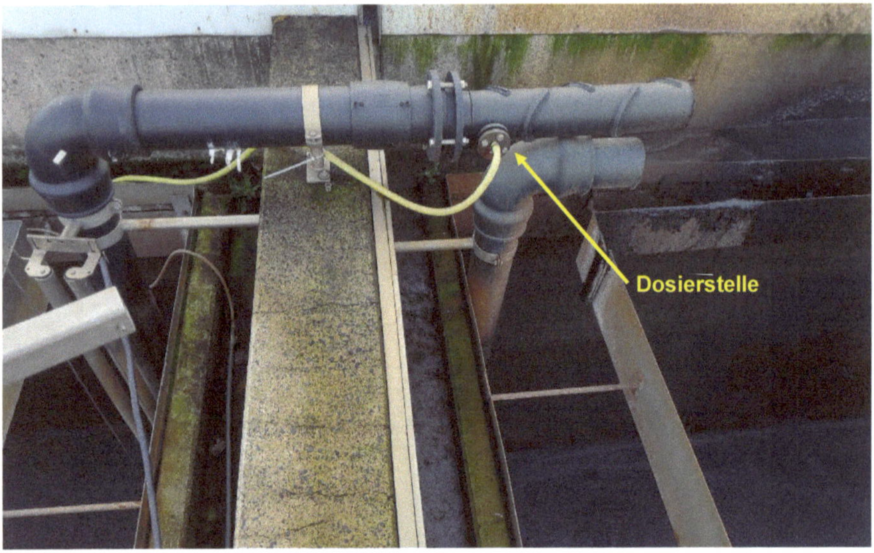

Abbildung 87: Dosierstelle der Eindickung von Anlage F

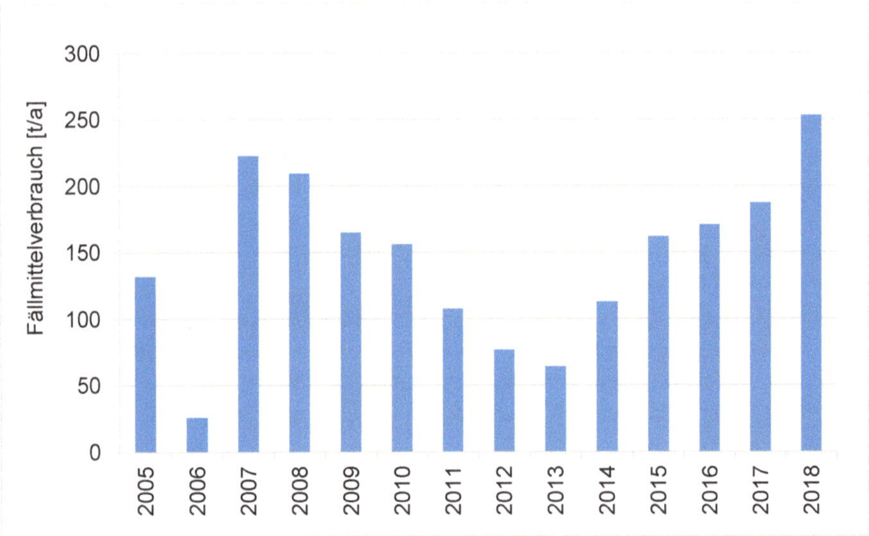

Abbildung 88: Absoluter Fällmittelverbrauch der Jahre 2005 bis 2018 von Anlage F, basierend auf den Eigenkontrolldaten

Abbildung 88 zeigt den Verbrauch an Fällmittel in den Jahren 2005 bis 2018. Die Werte entsprechen den Eigenkontrollwerten. Auf der Anlage kommen lediglich aluminium- bzw. eisenhaltige Fällmittel zum Einsatz. Während der Verbrauch in den Jahren 2007 bis 2013 gesunken ist, steigt er seither an. Im Jahr 2018 wurden 253 t Fällmittel verbraucht. Das entspricht bezogen auf die eliminierte Phosphatfracht einem spezifischen Verbrauch von 7,3 kg/kg P_{el}. Bei Betrachtung des Fällmittelverbrauchs ist zu berücksichtigen, dass im Zeitraum von 2005 bis 2018 unterschiedliche Fällmittel zum Einsatz kamen. Der Wirksubstanzgehalt unterscheidet sich je nach Fällmittel. Weder die genauen eingesetzten Mengen an Fällmittel noch die entsprechenden Wirksubstanzgehalte sind jedoch bekannt.

Laut Ansprechpartner der Anlage konnten Probleme wie eine erhöhte Korrosion infolge der Verwendung von Eisen(III)-Chlorid nicht beobachtet werden. Des Weiteren kann keine Aussage über Zunahme der Schlammmenge oder Qualität des Fällmittels getroffen werden.

Der personelle Aufwand für die Maßnahmen der Phosphorelimination beträgt eine Stunde pro Woche. Er setzt sich zusammen aus einer halben Stunde für die Analytik und einer weiteren halben Stunde für die Online-Messtechnik.

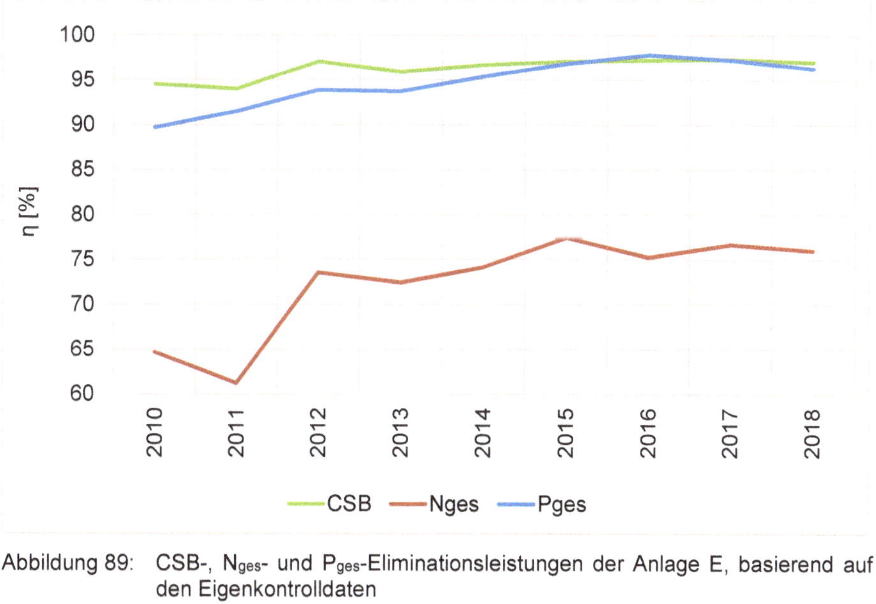

Abbildung 89: CSB-, N_{ges}- und P_{ges}-Eliminationsleistungen der Anlage E, basierend auf den Eigenkontrolldaten

Die Eliminationsleistungen bezüglich CSB, N_{ges} und P_{ges} sind in Abbildung 89 dargestellt. Die Werte basieren auf den Jahresmitteln der Eigenkontrollen. Die Eliminationsleistungen werden aus den Jahresabwassermengen im Zu- und Ablauf der Anlage und der jeweiligen Konzentration berechnet. Die Konzentration an CSB im Zulauf der Anlage wird täglich aus 24-h-Proben ermittelt. Zudem wird die 24-h-Probe des Anlagenzuflusses mindestens einmal pro Woche hinsichtlich der N_{ges}-Konzentration untersucht. Im Ablauf der Anlage werden im täglichen Wechsel entweder 2 h- oder 24 h-Proben hinsichtlich der CSB- und der N_{ges}-Konzentration analysiert. Die jeweiligen Eliminationsleistungen sind im Jahresmittel tendenziell gestiegen.

5.8 Anlage G (99.000 EW)

Die Anlage G wurde auf eine Belastung von 99.000 EW bemessen, was der Größenklasse 4 entspricht. Tatsächlich sind jedoch 125.000 EW (und damit eigentlich bereits Größenklasse 5) an die Anlage angeschlossen. Es leiten industrielle Indirekteinleiter der Nahrungsmittel- und Metallindustrie Abwässer in die Anlage ein. Die biologische Reinigung erfolgt im Belebtschlammverfahren. Ein vereinfachtes Verfahrensschema der Anlage ist in Abbildung 90 dargestellt.

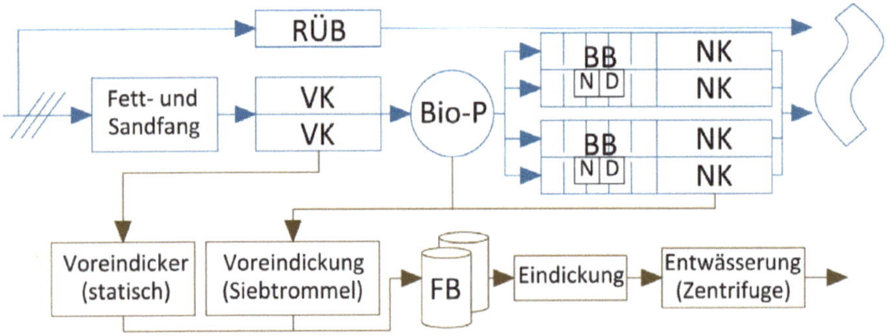

Abbildung 90: Verfahrensschema der Anlage G

Die weitergehende Phosphorelimination besteht aus einer 2-Punkt-Fällung und einer Bio-P, wofür der Belebung ein anaerobes Becken vorgeschaltet ist. Die Belebung ist vierstraßig konstruiert. Jede Straße ist in fünf Kaskaden unterteilt. Die Kammern weisen die folgenden Milieuverhältnisse bzw. Funktionen auf:

- Kammer 1: anoxisch,
- Kammer 2: aerob oder anoxisch,
- Kammer 3: aerob,
- Kammer 4: aerob,
- Kammer 5: Entgasung und Rezirkulation.

Die Belüftung erfolgt durch feinblasige Plattenbelüfter. Der Sauerstoffgehalt liegt bei 1,5 mg/l bis 2,2 mg/l. Zur Phosphatfällung erfolgt bei Trockenwetter die Fällmittelzugabe lediglich an einem Verfahrenspunkt. Dosiert wird eine Grundmenge an Polyaluminiumchlorid (ca. 8 l/h) in den Zulauf zum anaeroben Becken. Der pH-Wert liegt im Flockungsbereich bei 6,8 bis 7,8. Bei Regenwetter wird zudem eine konstante Fällmittelmenge an Eisen(III)-Chlorid in den Ablauf der Vorklärung dosiert. Es befinden sich Online-Messstellen im Ablauf des anaeroben Beckens, in der dritten Kaskade des Belebungsbeckens und im Ablauf der Anlage. Zur Verbesserung des Schlammindex werden außerdem bei Regenwetter Polymere in den Zulauf des Nachklärbeckens dosiert. Schwimmschlamm wird durch eine Schürze vor dem als Tauchrohr ausgebildeten Ablauf der Nachklärung zurückgehalten.

Nach MP sind die folgenden Anforderungen für eine Anlage der Größenklasse 4 einzuhalten:

- Überwachungswert $P_{ges} \leq 0{,}7$ mg/l,
- Eigenkontrollwert $P_{ges} \leq 0{,}5$ mg/l,
- Eigenkontrollwert PO_4-P (80-Perzentilwert) $\leq 0{,}2$ mg/l, Einzelwert ≤ zweifacher Anforderungskonzentration.

In Abbildung 91 sind die Zu- und Ablaufkonzentrationen sowie die Eliminationsleistung der Jahre 2005 bis 2018 bezüglich Gesamtphosphor dargestellt. Die Jahresmittel basieren auf den Eigenkontrolldaten der Anlage. Die P_{ges}-Zulaufkonzentration ist nach EKVO (2010) mindestens im wöchentlichen Rhythmus zu ermitteln. Im Ablauf der Anlage wird die Konzentration an P_{ges} täglich aus 24 h-Proben ermittelt. Im Zuge der Ermittlung der P_{ges}-Ablaufkonzentration wird die 24-h-Probe zusätzlich hinsichtlich der PO_4-P-Konzentration analysiert.

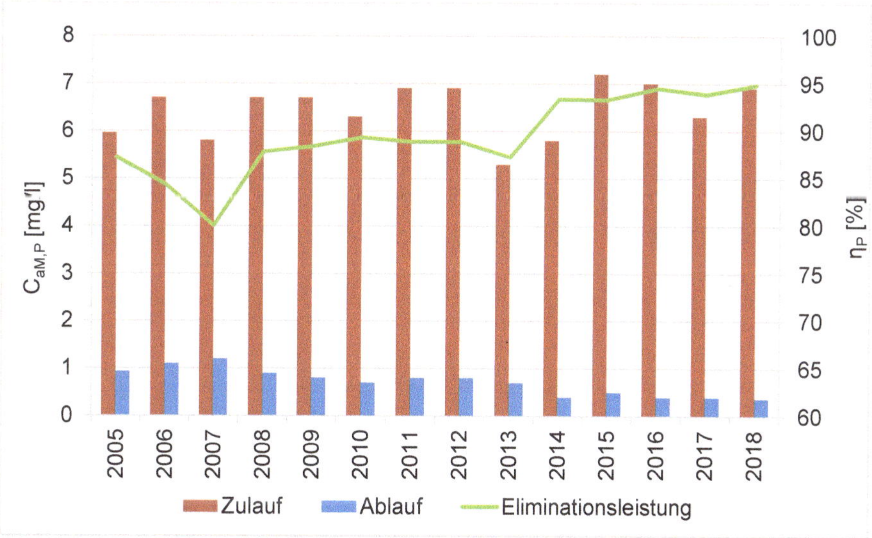

Abbildung 91: P_{ges}-Zulaufkonzentration und Eliminationsleistung der Anlage G, basierend auf den Jahresmitteln der Eigenkontrollen

Die P_{ges}-Zulaufkonzentration schwankt im Jahresmittel seit 2005 in einem Bereich zwischen 5,3 mg/l und 7,2 mg/l. Die Ablaufkonzentration weist insofern eine Verbesserung auf, dass sie 2014 im Vergleich zu 2013 um 43 % auf 0,4 mg/l reduziert werden konnte. Seit 2014 wird im Jahresmittel eine Konzentration von maximal 0,5 mg/l P_{ges} ins Gewässer eingeleitet.

Im Jahr 2018 liegt die jahresdurchschnittliche Ablaufkonzentration bei 0,37 mg/l P_{ges}. Die Eliminationsleistung verzeichnet entsprechend der gesunkenen Ablaufkonzentrationen einen Anstieg. Von 2013 bis 2014 stieg die Eliminationsleistung um 6 %-Punkte an. Im Jahr 2018 konnten etwa 95 % der Phosphor-Zulauffracht aus dem Abwasser entfernt werden. Die Eliminationsleistung liegt über dem ermittelten größenklassenspezifischen Durchschnittswert von 93 % (vgl. Abbildung 13).

Die Anforderungen an die Einzelwerte der StAbwU werden seit 2010 eingehalten (vgl. Abbildung 92). Kein Messwert überschreitet den Überwachungswert von 0,7 mg/l.

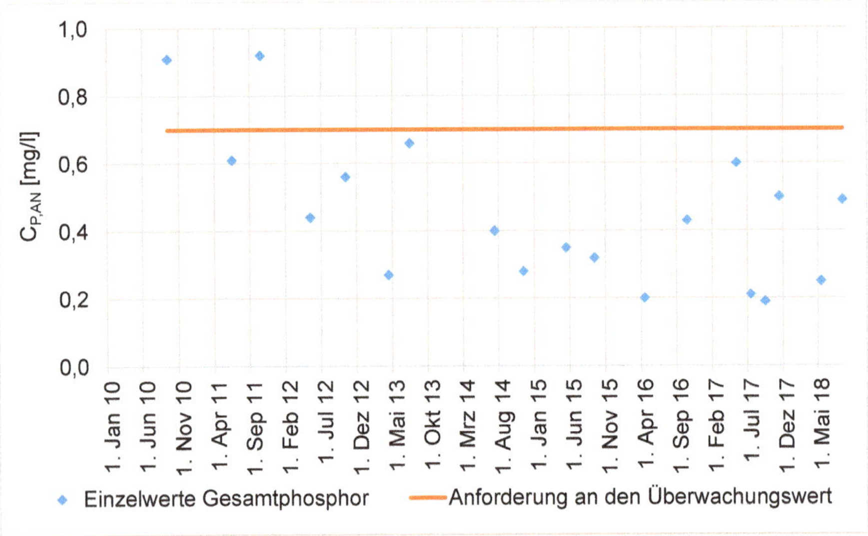

Abbildung 92: P_{ges}-Einzelwerte der StAbwU von Anlage G und Anforderung an den Überwachungswert nach MP

Die nach MP nachzuweisenden Betriebswerte sind von Januar 2018 bis Juni 2019 in Abbildung 93 dargestellt. Die Anforderungen an die Betriebswerte können im Allgemeinen eingehalten werden. Lediglich im Februar 2019 gab es eine Überschreitung des P_{ges}-Monatsmittel-Grenzwertes. Aus diesem Grund werden die Einzelwerte von Februar 2019 in Abbildung 94 genauer betrachtet. Die PO_4-P-Konzentration weist konstant niedrige Werte unterhalb von 0,1 mg/l auf. Demgegenüber schwankt die P_{ges}-Ablaufkonzentration stark. Das lässt auf starke Schwankungen des Gehaltes an partikulärem und/oder gelöstem, nicht reaktivem Phosphor schließen. Ursachen hierfür können eine erhöhte Zulaufkonzentration an gelöstem, nicht reaktivem Phosphor und Schlammabtriebe in der Nachklärung darstellen. Da die PO_4-P-Konzentration konstant niedrige Werte aufweist, kann die Ursache nicht in einer unzureichenden Bio-P bzw. Phosphatfällung liegen.

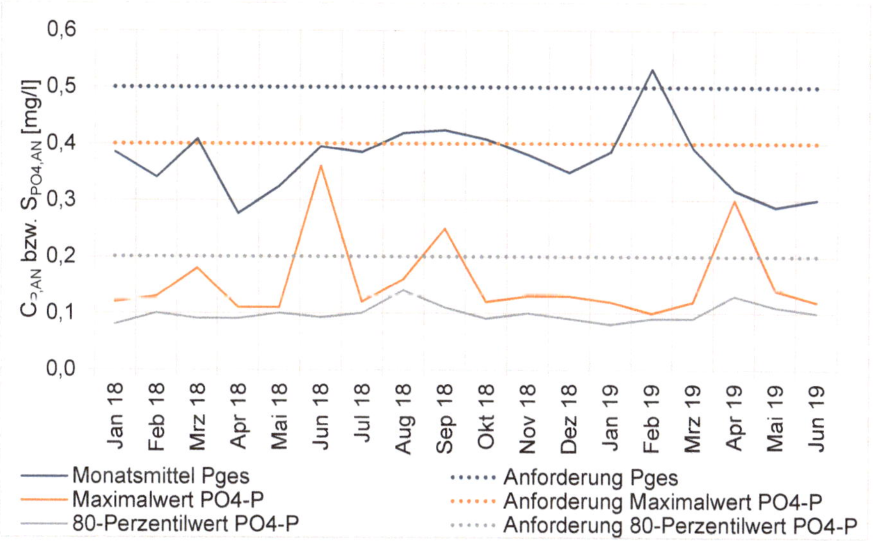

Abbildung 93: Verlauf der nachzuweisenden Betriebswerte der Anlage G mit entsprechendem Grenzwert nach MP, basierend auf den Eigenkontrolldaten

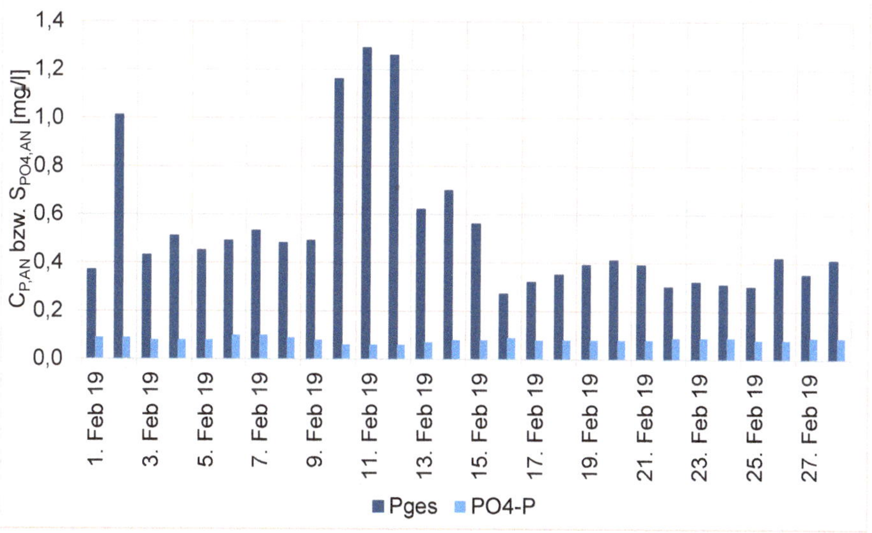

Abbildung 94: Einzelwerte der P_{ges}- und PO_4-P-Konzentration der Anlage G von Februar 2019, basierend auf den Eigenkontrolldaten

In den Rohrleitungen der Faultürme traten MAP-Ablagerungen auf. Um diese zu vermeiden, wurde die Nassentschwefelung auf etwa 2 l/h Eisen(III)-Chlorid erhöht. Hierdurch wurde zudem die PO_4-P-Konzentration im Prozesswasser reduziert. Des Weiteren treten laut Betriebspersonal der Anlage weder durch industrielle Indirekteinleiter noch durch Prozesswasser-Rückführung Phosphat-Stöße auf. Die Phosphat-Konzentration im Prozesswasser kann durch oben genannte Maßnahme zur Verhinderung von MAP-Ablagerungen und beispielsweise der maschinellen Überschussschlammeindickung mittels Siebtrommeln vermindert werden. Der Rückführung des Prozesswassers in den Hauptstrom ist kein Speicherbecken vorgeschaltet. Sie erfolgt kontinuierlich in den Zulauf der Anlage. Um die Phosphat-Konzentration im Ablauf weiter zu reduzieren, sind Maßnahmen im Nachklärbecken geplant. Zum einen wird der Zulauf in das Nachklärbecken umgestaltet. Zum anderen werden Schwimmschlammschürzen vor den Tauchrohren angebracht, aus denen das gereinigte Abwasser abfließt. Somit wird Schlammabtrieb verhindert. Um den Absetzvorgang zu unterstützen, sollen zudem Polymere in den Zulauf der Nachklärung dosiert werden.

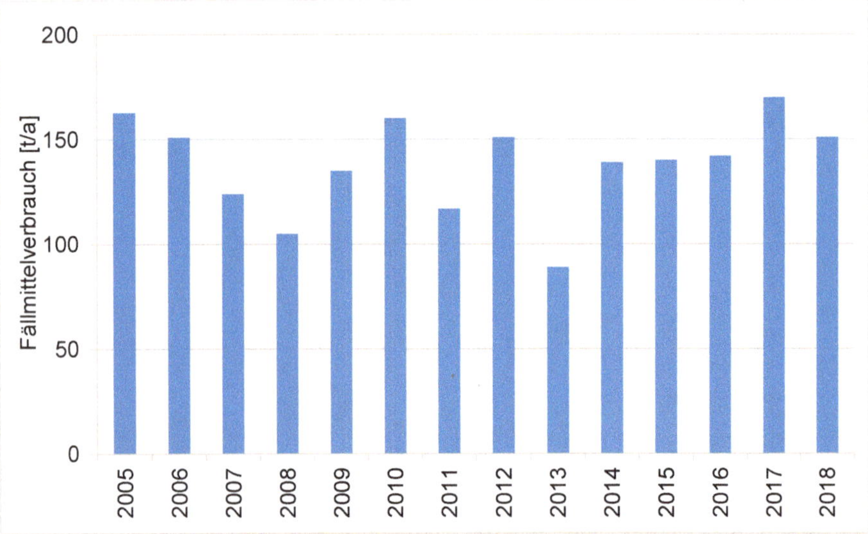

Abbildung 95: Absoluter Fällmittelverbrauch der Jahre 2005 bis 2018 von Anlage G, basierend auf den Eigenkontrolldaten

Der Fällmittelverbrauch von Anlage G liegt in den Jahren 2005 bis 2018 zwischen 89 t und 170 t (vgl. Abbildung 95). Es ist kein Anstieg erkennbar. Im Jahr 2018 wurden 151 t Fällmittel verbraucht. Zum Einsatz kommen Polyaluminiumchlorid und bei Regenwetter zusätzlich Eisen(III)-Chlorid. Die Anteile am Verbrauch sind nicht bekannt. Es wurde zwar angegeben, dass bei Trockenwetter eine Grunddosierung einer 60%igen Polyaluminiumchlorid-Lösung von etwa 8 l/h erfolgt, die Dichte der Lösung ist jedoch nicht bekannt, so dass kein K_P-Wert ermittelt werden kann.

Der Aufwand bezogen auf die Phosphorelimination beläuft sich auf 5 h/Woche. Davon wird eine Stunde für die Analytik aufgewendet. Vier Stunden werden für die Online-Messtechnik benötigt.

Die Eliminationsleistungen bezüglich CSB, N_{ges} und P_{ges} weisen die Verläufe gemäß Abbildung 96 auf. Sie beziehen sich auf die jeweiligen Frachten, die sich aus den Jahresabwassermengen im Zu- bzw. Ablauf der Anlage sowie der entsprechenden Konzentration ergeben. Seit 2013 sind alle Eliminationsleistungen gestiegen. Der Verlauf der P_{ges}-Eliminationsleistung verzeichnet zudem in den Jahren 2013 und 2014 einen sprunghaften Anstieg.

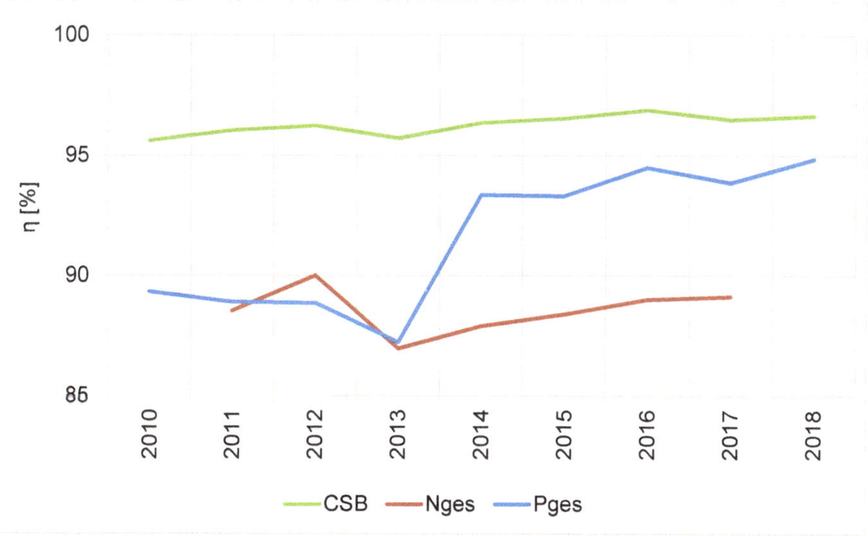

Abbildung 96: CSB-, N_{ges}- und P_{ges}-Eliminationsleistungen der Jahre 2010 bis 2018 von Anlage G, basierend auf den Eigenkontrolldaten

6 Evaluierung und Diskussion der Untersuchung ausgewählter mittelhessischer Kläranlagen

6.1 Fazit in Bezug auf die Maßnahmen zur Phosphorelimination

Die Untersuchung der weitestgehenden Phosphorelimination in Bezug auf die unterschiedlichen Kläranlagentypen hat eindeutig gezeigt, dass das Erreichen der Anforderungen aus dem MP 2015 bis 2021 umsetzbar ist. Zu dem gleichen Ergebnis kommt auch eine Studie, die sich mit der Auswertung der P_{ges}-Ablaufkonzentrationen von rheinland-pfälzischen Belebungsanlagen befasst hat (Münch et al., 2020).

Auf Abwasserteichanlagen hat sich die Phosphatfällung als geeignete Methode zur Reduktion der P_{ges}-Ablaufkonzentration erwiesen. Um eine möglichst hohe Turbulenz zur Einmischung zu gewährleisten, hat sich die Fällmittelzugabe im Bereich der Belüftungseinrichtung bewährt. Eine Regelung zur Fällmitteldosierung hat sich auf Kläranlagen der Größenklasse 2 als nicht notwendig erwiesen. Die Anpassung der Fällmittelmenge an die P_{ges}-Ablaufkonzentration im Rahmen der Eigenkontrolle wird dennoch empfohlen, um Über- oder Unterdosierungen entgegenzuwirken. Einschränkend ist zu ergänzen, dass die in dieser Studie näher untersuchte Abwasserteichanlage (Beispielanlage A) aus zwei in Reihe geschalteten belüfteten Teichen besteht. Da die Dosierung in den zweiten Teich erfolgt, ist keine Verschiebung des Nährstoffverhältnisses für die Kohlenstoffelimination zu erwarten. Für einstufige Abwasserteichanlagen ist der Einfluss der P-Fällung auf die biologischen Prozesse weiter zu untersuchen.

Das SBR-Verfahren hat sich als vorteilhaftes Verfahren der Größenklasse 2 für die weitgehende Phosphorelimination erwiesen. Der Vorteil liegt vor allem in der verfahrenstechnischen Anpassung der Zyklen. Auf diese Weise sind hohe Eliminationsraten in Bezug auf CSB, N_{ges} und P_{ges} möglich. Auch hohe Phosphatrückbelastungen durch z. B. Prozesswasser stellen keine Problematik dar. In der Beispielanlage B, die sehr gute Ablaufwerte bei niedrigem Fällmittelverbrauch aufweist, wird das Fällmittel zusammen mit einer externen C-Quelle zur Denitrifikationsphase dosiert. Die Auswirkung der Fällmittelzugabe zu anderen Zeitpunkten der Zyklen wurde nicht untersucht, so dass eine Empfehlung zu diesem Aspekt nicht möglich ist. In Anlage B findet die Fällmitteldosierung in Abhängigkeit von der P_{ges}-Ablaufkonzentration im Ablauf, die im Rahmen der Eigenkontrollen gemessen wird, statt.

In den untersuchten Kläranlagen der Größenklasse 2 wird überwiegend Eisen(III)-Chlorid als Fällmittel eingesetzt. Bei Problemen mit Blähschlamm oder Korrosion werden aluminiumhaltige Fällmittel bevorzugt.

Für Kläranlagen der Größenklasse 4 wird die Integration einer Regelung zur Optimierung der P-Fällung als sinnvoll erachtet. Alle dargestellten Kläranlagen betreiben eine Regelung mit mindestens einer Messstelle im Ablauf des Belebungsbeckens. Je nach Anlage werden die P_{ges}- oder PO_4-P-Konzentrationen gemessen. Als Fällmittel kommt überwiegend Eisen(III)-Chlorid zum Einsatz. Bei einer Blähschlammproblematik werden aluminiumhaltige

Fällmittel bzw. Kombinationen unterschiedlicher Fällmittel eingesetzt. Es wird empfohlen, den K_P-Wert zu bestimmen, um Überdosierungen zu vermeiden.

Auf den untersuchten Kläranlagen mit Faulung waren keine hohen Phosphatrückbelastungen zu verzeichnen, was in den unterschiedlichen Strategien der Kläranlagenbetreiber bzw. vorteilhaften Randbedingungen der Kläranlagen begründet ist. In den meisten Fällten wird dem Schlamm vor Eindickung Eisen(III)-Chlorid hinzugegeben. Auf einer Kläranlage wird Eisen(III)-Chlorid zur Nassentschwefelung in den Faulturm gegeben. Auf diese Weise wird Phosphat im Schlamm zurückgehalten. Auf einer weiteren Kläranlage wird Prozesswasser zwischengespeichert und die Zugabe an die Zulaufbelastung angepasst.

Da alle untersuchten Anlagen eine Simultanfällung betreiben, können andere Fällungsverfahren wie Vorfällung, Nachfällung oder Flockungsfiltration nicht bewertet werden.

Punktuelle Überschreitungen der Anforderungen ergeben sich vor allem bei Stoßbelastungen von Indirekteinleitern. In diesem Fall reagiert das Regelungssystem möglicherweise zu träge. Zur Optimierung der Phosphorelimination wird als weitere Maßnahme eine Früherkennung von Phosphat-Stößen empfohlen, in dem eine kontinuierliche Messung der Phosphatbelastung im Zulauf zur Anlage integriert und das Regelungskonzept darauf angepasst wird.

Die Einhaltung der PO_4-P-Anforderung bei gleichzeitiger Überschreitung der Anforderung von P_{ges} wird als Indiz für Schlammabtrieb erachtet. In diesem Fall ist eine stichprobenhafte Fraktionierungsanalyse des Phosphors im Ablauf sinnvoll, um eine übermäßige Belastung an gelöstem, nicht reaktivem Phosphor auszuschließen. Kann die erhöhte P_{ges}-Fracht im Ablauf auf den partikulären Anteil zurückgeführt werden, sind Optimierungsmaßnahmen der Nachklärung oder ggf. eine Filtrationsstufe in Betracht zu ziehen.

Hohe PO_4-P-Konzentrationen im Ablauf ergeben sich aufgrund unzureichender Überführung des gelösten PO_4-P in die partikuläre Form. Die Gründe für diese Problematik sind vielfältig und in einer Einzelfallprüfung zu eruieren. Folgende generelle Empfehlungen können gegeben werden, wobei diese Empfehlungen jeweils an den örtlichen und verfahrenstechnischen Randbedingungen zu orientieren sind und aus diesem Grund in dieser Studie weder präzisiert noch priorisiert werden:

- Änderung der Fällmitteldosierstelle zugunsten höherer Turbulenz,
- Implementierung einer geregelten Fällmitteldosierung mit Onlinemessung der PO_4-P-Konzentrationen im Ablauf,
- Erhöhung der Fällmittelmenge,
- Erweiterung der P-Fällung von 1-Punktfällung zu Mehrpunktfällung,
- Integration einer Bio-P-Elimination,
- Adaption der P-Fällung an die Bio-P-Elimination und
- Verringerung oder Anpassung der Phosphatrückbelastung durch Prozesswasser.

Aufgrund der lokal differierenden Randbedingungen hinsichtlich der Umsetzbarkeit und der jeweiligen Auswirkungen der Maßnahmen werden Einzelfallgutachten empfohlen, um angepasste Strategien zur PO_4-P-Reduktion zu entwickeln.

Neben vorteilhaften Aspekten der empfohlenen Maßnahmen sind auch nachteilige Auswirkungen zu berücksichtigen. Beispielsweise können hohe Fällmittelmengen die Fließfähigkeit des Schlamms negativ beeinflussen. Die Integration einer Bio-P-Elimination wirkt sich auf das Gesamtsystem der Kläranlage aus und kann zu MAP-Ablagerungen in nachgelagerten Rohrleitungen führen. Neben verfahrenstechnischen Aspekten sind ökonomische Faktoren zu berücksichtigen. Die Einhaltung der Anforderungen nach dem MP 2015 bis 2021 kann im Einzelfall verfahrenstechnische Nachteile und insbesondere monetär übermäßige Belastungen bewirken. Aus diesem Grund wird auf die Möglichkeit hingewiesen, neben der Umsetzbarkeit auch die Verhältnismäßigkeit der Maßnahmen zu prüfen und die Anforderungen für den Einzelfall ggf. anzupassen.

Eine konkrete Kostenabschätzung der durchgeführten Maßnahmen mit entsprechender Priorisierung konnte aufgrund fehlender Angaben nicht durchgeführt werden.

6.2 Einfluss der weitestgehenden Phosphorelimination auf die Oberflächengewässer

Für die untersuchten Oberflächengewässer ergibt sich, dass eine zusätzliche Dosierung von Fällmitteln unproblematisch ist. Kein Oberflächengewässer in Mittelhessen ist gefährdet, den Orientierungswert für Chlorid durch eingeleitete Kläranlagenabläufe zu überschreiten. Dabei steht dieser zusätzlichen Chloridfracht der verringerte Phosphat-Eintrag gegenüber. Einzelfallprüfungen können ggf. trotzdem, bspw. an Standorten empfindlicher Oberflächengewässer bei gleichzeitig hohem Fällmittelverbrauch der einleitenden Kläranlage, in Betracht gezogen werden.

Da überwiegend chloridhaltige Fällmittel zum Einsatz kommen, wurde der Aspekt der Aufsalzung vor allem für den Parameter Chlorid untersucht. Zum Zustand der Gewässer im Hinblick auf den Parameter Sulfat wird keine Aussage getroffen.

6.3 Einfluss der weitestgehenden Phosphorelimination auf die Parameter CSB und N_{ges}

Alle Untersuchungen haben gezeigt, dass sich kein eindeutiger Zusammenhang zwischen weitestgehender Phosphorelimination und CSB- sowie N_{ges}-Elimination ergibt. Die Untersuchungen beschränken sich auf die chemische P-Fällung, da zu Bio-P keine ausreichenden Daten vorhanden sind.

In Bezug auf die Größenklasse 2 ist aufgrund der geringen Anzahl an Messwerten der EKVO keine Aussage über Einfluss der P-Fällung auf andere Verschmutzungsparameter möglich. Um eine aussagekräftige Prüfung zu ermöglichen, müssen Messkampagnen über einen längeren Zeitraum und auf unterschiedlichen Anlagen durchgeführt werden, während derer die Dosiermenge an Fällmittel variiert wird. Mit den im Zuge dieser Studie zur Verfügung stehenden Daten kann keine fundierte Aussage über eventuelle Abhängigkeiten getroffen werden.

Im besonderen Fall der SBR-Anlage (Beispielanlage B) steigen die Eliminationsleistungen jeweils im Mittel, während die Wirksubstanzmenge abnimmt. Aufgrund dessen kann angenommen werden, dass sich andere Faktoren auf die Eliminationsleistung ausgewirkt haben. Unter anderem wurde der SBR-Zyklus im Laufe der Jahre mehrfach angepasst, so dass eine Beeinflussung der beiden Eliminationsleistungen infolge einer Reduzierung der Dosiermenge an Wirksubstanz möglicherweise durch eine verbesserte Verfahrensweise kompensiert wird. Eine fundierte Aussage bezüglich einer Abhängigkeit der CSB- und Stickstoff-Ablaufwerte von der Phosphatfällung kann nicht getroffen werden.

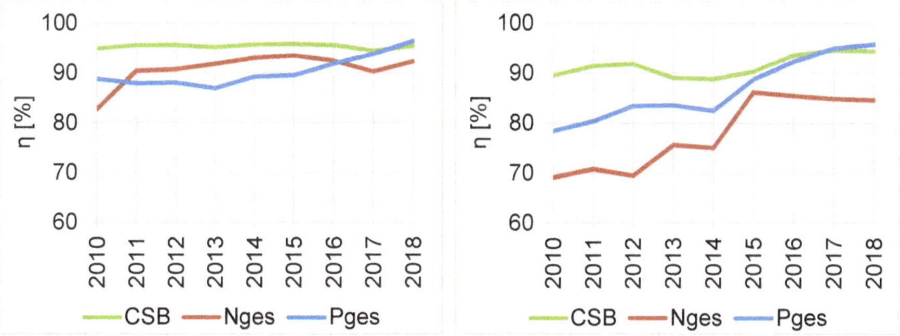

Abbildung 97: CSB-, N_{ges}-, P_{ges}-Eliminationsleistungen: links: Anlage C; rechts: Anlage D

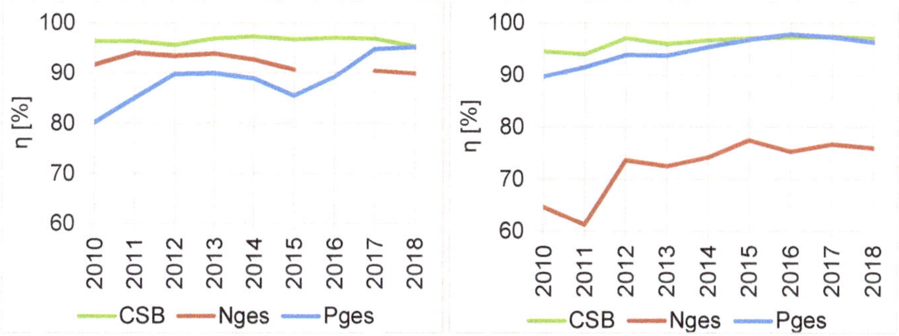

Abbildung 98: CSB-, N_{ges}-, P_{ges}-Eliminationsleistungen: links: Anlage E; rechts: Anlage F

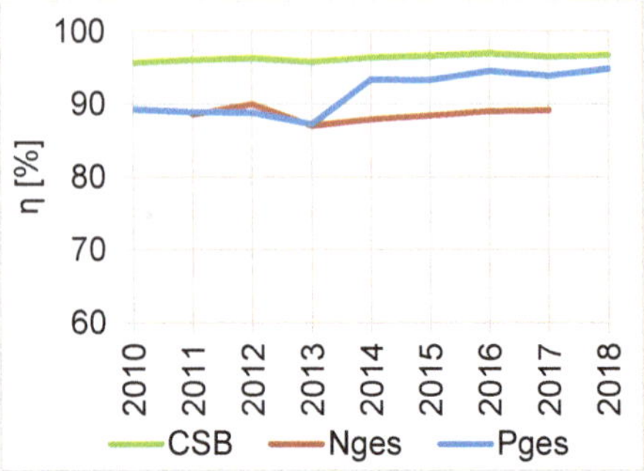

Abbildung 99: CSB-, N_{ges}- und P_{ges}-Eliminationsleistungen der Anlage G

Die Eliminationsleistungen der untersuchten Kläranlagen aus der Größenklasse 4 sind in Abbildung 97 bis Abbildung 99 dargestellt. Die grafischen Gegenüberstellungen zeigen, dass ein direkter Einfluss der P-Fällung auf die Parameter CSB und N_{ges} nicht abgeleitet werden kann. Obwohl die Eliminationsleistung bei allen Anlagen hinsichtlich P_{ges} steigt, differieren die Verläufe der CSB- und N_{ges}-Eliminationsleistungen. Ein Einfluss betrieblicher Aspekte auf die CSB- und N_{ges}-Eliminationsleistung kann darüber hinaus nicht ausgeschlossen werden. Dazu gehören u. a. optimierte Verfahrenstechniken oder Betriebsweisen.

7 Zusammenfassung

7.1 Allgemeine Analyse mittelhessischer Kläranlagen

Zur Reduzierung der Phosphatemissionen aus kommunalen Kläranlagen in Oberflächengewässern wurde in Hessen das MP 2015 bis 2021 entwickelt. Darin wurden verbindliche, verschärfte Anforderungen an Kläranlagen der Größenklassen 2 bis 5 bezüglich der Phosphat-Ablaufwerte definiert (vgl. Tabelle 5). Die Umsetzung der Maßnahmen zur Erreichung der Anforderungen sollte innerhalb von drei Jahren erfolgen. In der hier betrachteten Region Mittelhessen sind insgesamt 121 Kläranlagen von den erhöhten Anforderungen des hessischen Maßnahmenprogrammes betroffen.

Aufgrund der umgesetzten Maßnahmen ist die P_{ges}-Ablauffracht in den letzten drei Jahren um ca. 40 % im Vergleich zum Jahr 2014 gesunken. Im Vergleich zum Zeitraum 2010 bis 2012 war die Halbierung der P_{ges}-Ablauffracht prognostiziert worden. Diese Prognose wurde mit einer Frachtreduktion von 47 % zum Jahr 2018 bestätigt.

Prinzipiell konnten die P_{ges}-Ablaufkonzentrationen durch die bisherige Umsetzung des MP 2015 bis 2021 durchschnittlich verbessert werden. Im Mittel beträgt der Anstieg der Eliminationsleistung zum Jahr 2018 im Vergleich zum Jahr 2014 auf den Anlagen der:

- Größenklasse 2: + 15 %-Punkte,
- Größenklasse 3: + 7 %-Punkte,
- Größenklasse 4: + 8 %-Punkte,
- Größenklasse 5: + 0 %-Punkte.

Die mittleren Ablaufkonzentrationen und Eliminationsleistungen für den Parameter P_{ges} im Jahr 2018 sind differenziert nach Größenklasse in Tabelle 16 aufgezeigt. Zusätzlich beinhaltet die Tabelle die P_{ges}-Ablaufkonzentration und P_{ges}-Eliminationsleistung für die Kläranlagen der Größenklasse 2 und 3, die eine gezielte Phosphorelimination betreiben. Für die Anlagen der Größenklasse 4 und 5 gilt, dass auf allen Kläranlagen jeweils eine weitergehende Phosphorelimination betrieben wird.

Die durchschnittliche P_{ges}-Ablaufkonzentration und P_{ges}-Eliminationsleistung bezogen auf Abwasserteichanlagen der Größenklasse 2 mit gezielter Phosphorelimination liegt bei 1,0 mg/l bzw. 76,5 %.

Auf einigen Anlagen im Untersuchungsgebiet sind noch Maßnahmen zur Verbesserung der Ablaufkonzentration bezüglich Phosphat geplant. Es ist daher zu erwarten, dass die durchschnittliche Phosphoreliminationsleistung steigt respektive die Phosphatablauffracht in den nächsten Jahren weiter vermindert wird.

Tabelle 16: Durchschnittliche Jahresmittel der P_{ges}-Ablaufkonzentrationen und der P_{ges}-Eliminationsleistungen für das Jahr 2018

GK	$c_{P,AN,aM}$ **[mg/l]**	$\eta_{P,AN,aM}$ **[%]**
alle betrachteten Kläranlagen		
GK 2	1,0	77
GK 3	0,7	83
GK 4	0,3	93
GK 5	0,3	96
Kläranlagen mit gezielter verfahrenstechnischer Phosphorelimination*		
GK 2	0,7	84
GK 3	0,6	86

* alle Kläranlagen der GK 4 und 5 betreiben eine gezielte Phosphorelimination und sind unter allen betrachteten Kläranlagen aufgeführt

Die Anzahl der Anlagen, welche die jeweilige größenklassenspezifische Anforderung im Jahresmittel nicht einhalten konnte, ist in den letzten Jahren deutlich gesunken. Im Vergleich zum Jahr 2016 reduzierte sich diese Anzahl von 68 auf 31 der insgesamt 121 betrachteten Kläranlagen in Mittelhessen. Letzteres entspricht einem Anteil von 26 %. 25 dieser 31 Anlagen gehören in die Größenklasse 2. Wiederum 15 dieser 25 Anlagen (60 %) sind Abwasserteichanlagen.

Bei Betrachtung des Verbrauchs an aluminium- oder eisenhaltigen Fällmitteln ist eine Steigerung erkennbar, insbesondere in den Jahren zu Beginn der beiden Maßnahmenprogramme. Aufgrund der fehlenden Angaben zu Wirksubstanzgehalt und wirkenden Kationen kann der Fällmittelverbrauch jedoch nicht in direkten Bezug zur gestiegenen Reinigungsleistung hinsichtlich Phosphat gesetzt werden. Kalkmilch wird nur auf einzelnen Anlagen und jeweils kurzzeitig verwendet.

Die Auswertung von Eigenkontrolldaten von insgesamt 13 Anlagen der Größenklasse 4 (siehe Tabelle 9) ergab, dass die Anforderungen hinsichtlich der P_{ges}-Ablaufkonzentration eingehalten werden können. Probleme bestehen auf etwa der Hälfte der Anlagen bei der Einhaltung der Anforderungen bezüglich der PO_4-P-Ablaufkonzentration.

Trotz steigender Zulauffracht von N_{ges} sind die Ablauffrachten im Mittel gesunken. Im Gegensatz dazu zeigt sich keine tendenzielle Verringerung der CSB-Ablauffracht. Ein genereller Einfluss der weitestgehenden Phosphorelimination auf N_{ges} und CSB durch veränderte Schlammeigenschaften wird als unwahrscheinlich angesehen. Im Einzelfall ist eine Verbesserung der Absetzfähigkeit des Schlamms nicht auszuschließen. Die Verbesserung der N_{ges}-Leistungsfähigkeit wird auf andere Faktoren zurückgeführt, die in dieser Studie nicht untersucht wurden.

7.2 Datenerhebung zu ausgewählten kommunalen Kläranlagen in Bezug auf die Phosphorelimination

Zur Evaluierung der Phosphorelimination unterschiedlicher Anlagen in Mittelhessen wurde eine detaillierte Befragung ausgewählter Kläranlagen bezüglich der Phosphorelimination durchgeführt. Befragt wurden 23 Anlagen unterschiedlicher Ausbaugrößen, Reinigungsleistungen und Verfahrenstechniken zur biologischen Reinigung.

Der Fragebogen wurde in unterschiedlichen Qualitäten von 14 Anlagenbetreibern beantwortet. Auf der Mehrzahl dieser Anlagen wird eine 1-Punkt-Fällung betrieben. Die am häufigsten vertretene Fällungsart stellt die Simultanfällung dar. Bei zwei Dritteln der Dosierstellen wird entweder in den Zulauf der Belebung oder direkt in die Belebung dosiert. Mehrheitlich wird Eisen(III)-Chlorid als Fällmittel verwendet. Alkalisch wirkende Fällmittel werden in keinem Fall verwendet. Die Einmischung wird bei jeder dritten Dosierstelle durch einen hydraulischen Wechselsprung gewährleistet. Lediglich auf zwei Anlagen werden Polymere dosiert.

Der spezifische Personalaufwand ist für kleinere Anlagen vergleichsweise hoch und variiert stark. Für Anlagen mit einer tatsächlichen Belastung von bis zu 25.000 EW schwankt der Wert in einem Bereich von 0,003 h/(EW·a) bis 0,037 h/(EW·a). Bei Anlagen über 25.000 EW beträgt der spezifische Personalaufwand maximal 0,004 h/(EW·a).

Zur genaueren Betrachtung der Art der Umsetzung der weitergehenden Phosphorelimination sowie der Erfahrungen und Erkenntnisse der Kläranlagenbetreiber wurde die Phosphorelimination von sieben Beispielanlagen in Kapitel 5 detaillierter betrachtet.

- Anlage A ist eine Abwasserteichanlage. Die Anforderung an die P_{ges}-Ablaufkonzentration konnte 2018 noch nicht erfüllt werden. Die Anforderung an einen guten ökologischen Zustand hinsichtlich der PO_4-P-Konzentration wird jedoch trotz der Nichteinhaltung der Anforderung des MP an den Betriebswert und trotz des hohen Anteils des Anlagenabflusses am Gesamtabfluss des Gewässers eingehalten. Eine Erhöhung der Fällmittelmenge zur Einhaltung der Anforderungen ist in Bezug auf den Orientierungswert für Chlorid im Gewässer unproblematisch.
- Anlage B ist eine Anlage im SBR-Verfahren. Die Betriebs- und Überwachungswerte liegen weit unterhalb der Anforderung, wobei vergleichsweise wenig Fällmittel eingesetzt wird. Hinsichtlich der Phosphorelimination sind auf der Anlage keine weiteren Optimierungsmaßnahmen notwendig.
- Die weiteren betrachteten Anlagen sind Anlagen im Belebtschlammverfahren. Die Anforderungen an die Betriebswerte und an den Überwachungswert können auf der Anlage C eingehalten werden, während der Fällmittelverbrauch in einem üblichen Bereich liegt. Die Anlage verfügt über eine Mehrpunktfällung mit einer Regelung nach der PO_4-P-Konzentration im Ablauf der Belebung. Indirekteinleiter sind nicht angeschlossen. Auf der Anlage sind keine weiteren Maßnahmen bezüglich der Phosphorelimination erforderlich.

- Auf der Anlage D kann das Regelungssystem auf industrielle Phosphat-Stöße zurzeit noch nicht schnell genug reagieren, woraus erhöhte Phosphat-Ablaufwerte resultieren. Geregelt wird nach der PO_4-P-Konzentration im Ablauf der Belebung. Zur Optimierung der Phosphorelimination ist eine Früherkennung von Phosphat-Stößen z. B. durch individuelle Regelungskonzepte zu empfehlen.
- Auf der Anlage E sind sowohl die P_{ges}-Ablaufwerte als auch die PO_4-P-Ablaufwerte vergleichsweise hoch. Die Anforderungen an PO_4-P werden nicht eingehalten. Die Anlage verfügt über eine 1-Punktfällung. Geregelt wird die Dosiermenge nach der PO_4-P-Konzentration im Ablauf der Belebung. Als Maßnahmen werden empfohlen, die Art der Einmischung des Fällmittels zu überprüfen, die Fällmittelmenge zu erhöhen oder ggf. eine Mehrpunktfällung zu integrieren.
- Auf der Anlage F kann die Anforderung an den Maximalwert der PO_4-P-Konzentration trotz Mehrpunktfällung in einzelnen Monaten nicht eingehalten werden. Vermutlich reagiert das Regelungssystem zu träge auf Phosphat-Stöße. Zur Optimierung der Phosphorelimination wird als weitere Maßnahme eine Früherkennung von Phosphat-Stößen durch angepasste Regelungskonzepte empfohlen.
- In Anlage G erfolgt eine Mehrpunktfällung. Die Dosierstellen variieren je nach Trockenwetter oder Regenwetter. Die Messung zur Regelung erfolgt an drei Verfahrenspunkten. Trotz aufwändiger Regelung und Mehrpunktfällung werden die P_{ges}-Anforderungen nicht eingehalten. Da Schlammabtrieb als Ursache vermutet wird, werden die Optimierung der Nachklärung und ggf. eine nachgeschaltete Filtrationsstufe als Umsetzungsmaßnahme empfohlen. Um einen hohen Anteil an gelöstem, nicht reaktivem Phosphor auszuschließen, erscheint eine vorherige Beprobung ratsam.

Die Untersuchung der Anlagen hat gezeigt, dass die Einhaltung der Anforderungen nach Umsetzung der Maßnahmen auf allen Anlagen möglich ist.

7.3 Evaluierung und Diskussion der Untersuchungsergebnisse ausgewählter mittelhessischer Kläranlagen

Basierend auf der Untersuchung ausgewählter Kläranlagen konnten Handlungsempfehlungen für Größenklasse 2 und Größenklasse 4 definiert werden.

Auf Abwasserteichanlagen und SBR-Anlagen hat sich die P-Fällung als umsetzbare und wirksame Maßnahme bestätigt. Aus diesem Grund wird die Integration einer P-Fällung für diese Art der Anlagen empfohlen. Zur Optimierung wird die Anpassung des Fällmittelverbrauchs an die P_{ges}-Ablaufkonzentration befürwortet.

Bezogen auf Größenklasse 4 wurden drei Fälle ermittelt, die die notwendigen Umsetzungsmaßnahmen bestimmen und zukünftige Handlungsempfehlungen definieren:

- punktuelle Überschreitung der Anforderungen,
- Überschreitung der P_{ges}-Anforderung bei Einhaltung der PO_4-P-Anforderungen,
- Überschreitung der PO_4-P-Anforderungen.

Die Überschreitungsproblematiken beziehen sich auf die Anforderungen des Maßnahmenprogrammes 2015 bis 2021 für die Größenklasse 4. Die resultierenden Handlungsempfehlungen sind in Tabelle 17 zusammengefasst. Auf Grund der spezifischen Randbedingungen der Kläranlagen unterliegen die Empfehlungen keiner Priorisierung. Vielmehr besteht für eine präzisierte Handlungsempfehlung die Notwendigkeit von Einzelfallgutachten.

Weiterhin ist zu berücksichtigen, dass die Umsetzung der Anforderungen zu deutlichen Nachteilen in verfahrenstechnischer und ökonomischer Hinsicht führen kann. Aus diesem Grund ist die Umsetzbarkeit der Anforderungen unter Einbeziehung der Verhältnismäßigkeit des Aufwands für einzelne Kläranlagen zu reflektieren. Dies beinhaltet auch eine mögliche Anpassung der Anforderungen für den Einzelfall.

Tabelle 17: Handlungsempfehlungen entsprechend der Überschreitungsproblematik der Anforderungen der GK 4

Überschreitungsproblematik	**Handlungsempfehlung**
punktuelle Überschreitung von PO_4-P oder P_{ges}	Anpassung eines Regelungskonzeptes mit kontinuierlicher Phosphor-Messung im Kläranlagenzulauf
Überschreitung von P_{ges} bei Einhaltung von PO_4-P	Beprobung des Ablaufs, Optimierung der Nachklärung, Filtrationsstufe
Überschreitung von PO_4-P	Änderung der Fällmitteldosierstelle zugunsten höherer Turbulenz, Implementierung einer geregelten Fällmitteldosierung mit Onlinemessung der PO_4-P-Konzentrationen im Ablauf, Erhöhung der Fällmittelmenge, Erweiterung der P-Fällung von 1-Punktfällung zu Mehrpunktfällung, Integration einer Bio-P-Elimination, Adaption der P-Fällung an die Bio-P-Elimination, Verringerung oder Anpassung der Phosphatrückbelastung durch Prozesswasser.

8 Ausblick

In dieser Studie konnte die Wirksamkeit der umgesetzten Maßnahmen zur Phosphorelimination gemäß des Maßnahmenprogrammes (MP) 2015 bis 2021 belegt werden. Zur Priorisierung der Maßnahmen ist neben der Wirksamkeit auch der ökonomische Aspekt von Bedeutung. Weil keine Informationen zu wirtschaftlichen Gesichtspunkten vorlagen, sind für eine tiefergehende Bewertung weitere Abfragungen notwendig. Auch der Energieeinsatz ist als weiterer noch offener Aspekt zusätzlich zu analysieren.

Die Durchführung einzelfallorientierter Gutachten in Bezug auf Kläranlagen mit hohen PO_4-P-Ablaufwerten sollte zu vertieften Erkenntnissen führen, unter lokal bedingt verfahrenstechnisch und ökonomisch schwierigen Randbedingungen angepasste Umsetzungsmaßnahmen zu konzipieren, aus denen sich allgemein anwendbare Handlungsempfehlungen ableiten lassen.

Da sich einige Maßnahmen gegenwärtig noch in der Umsetzungsphase befinden, ist mit weiteren Verbesserungen hinsichtlich der Phosphatablaufwerte zu rechnen. Dabei sind nachteilige Auswirkungen wie der Eintrag von Chloriden, Sulfaten oder Schwermetallen in die Gewässer zu beachten, auch wenn anhand der vorliegenden Erkenntnisse kaum negative Auswirkungen zu erwarten sind.

Um Über- bzw. Unterdosierungen von Fällmitteln einzuschätzen, wird empfohlen, die K_P-Wert-Ermittlung und den Abgleich mit Erfahrungswerten zukünftig zu forcieren. Zwar ist deren Aussagekraft eingeschränkt, aber Tendenzen und Trendentwicklungen können erkannt werden.

Wie die Karte der Einzugsgebiete einzelner Gewässer mit den aktuellsten Jahresmitteln der PO_4-P-Konzentration im Zeitraum von 2014 bis 2018 (vgl. Abbildung 1) zeigt, konnte die Anforderung an einen guten ökologischen Zustand noch nicht flächendeckend erreicht werden. Somit ist zu erwarten, dass der weiteren Reduzierung der Phosphatemissionen aus den kommunalen Kläranlagen in Mittelhessen, trotz bereits reduzierter Ablaufwerte, in den nächsten Jahren weiterhin große Bedeutung zuerkannt wird.

Nach Umsetzung der in dieser Studie diskutierten und angestrebten Maßnahmen in Mittelhessen bzw. in Gesamthessen, ist im Rahmen einer Erfolgskontrolle zu überprüfen, ob eine weitere Anpassung der Ablaufanforderungen bzgl. Phosphat erforderlich wird.

9 Literaturverzeichnis

AbwV / Verordnung über Anforderungen an das Einleiten von Abwasser in Gewässer (Abwasserverordnung – AbwV), in der Fassung der Bekanntmachung vom 17.06.2004 und der letzten Änderung am 22.08.2018

ATV-DVWK-Arbeitsbericht (2003): Kennzahlen zur gezielten Phosphorelimination in kommunalen Kläranlagen. Hennef: Deutsche Vereinigung für Wasserwirtschaft, Abwasser und Abfall e. V. (Hrsg.). ISBN 13: 978-3-88721-331-2.

Barjenbruch, M; Exner, E. (2009): Leitfaden zur Verminderung des Phosphoreintrags aus Kläranlagen. Thüringer Ministerium für Landwirtschaft, Naturschutz und Umwelt (Hrsg.). Online verfügbar unter https://www.db-thueringen.de (abgerufen am 18.10.2019).

Baumann, P.; Jedele, K. (2019): Phosphorelimination – Optimierung auf Kläranlagen. 2. Auflage. Stuttgart: DWA Deutsche Vereinigung für Wasserwirtschaft, Abwasser und Abfall e.V., Landesverband Baden-Württemberg (Hrsg.). ISBN: 978-3-88721-815-7.

Bever, J.; Stein, A.; Teichmann, H. (2002): Weitergehende Abwasserreinigung. 4.Auflage. München: Oldenbourg. ISBN: 3-486-26527-X.

Böhler, M.; Siegrist, H. (2008): Möglichkeiten zur Optimierung der chemischen Phosphorfällung an hessischen Kläranlagen. Gutachten im Auftrag der Europa Fachhochschule Fresenius und des Hessischen Landesamtes für Umwelt und Geologie (HLUG). Online verfügbar unter http://flussgebiete.hessen.de (abgerufen am 17.07.2019).

DWA-A 131 (2016): Bemessung von einstufigen Belebungsanlagen. Hennef: Deutsche Vereinigung für Wasserwirtschaft, Abwasser und Abfall e.V. (Hrsg.). ISBN: 978-3-88721-331-2.

DWA-A 202 (2011): Chemisch-physikalische Verfahren zur Elimination von Phosphor aus Abwasser. Hennef: Deutsche Vereinigung für Wasserwirtschaft, Abwasser und Abfall e. V. (Hrsg.). ISBN 13: 978-3-941897-87-8.

DWA-M 206 (Entwurf, 2020): Automatisierung der chemischen Phosphatelimination. Hennef: Deutsche Vereinigung für Wasserwirtschaft, Abwasser und Abfall e. V. (Hrsg.). ISBN: 978-3-88721-920-8.

DWA-M 210 (2009): Belebungsanlagen im Aufstaubetrieb (SBR). Hennef: Deutsche Vereinigung für Wasserwirtschaft, Abwasser und Abfall e. V. (Hrsg.). ISBN: 978-3-941089-72-3.

DWD Climate Data Center (CDC): Tägliche Stationsmessungen Niederschlagshöhe in mm für Deutschland, Version v19.3. Deutscher Wetterdienst (Hrsg.). Online verfügbar unter: https://cdc.dwd.de/portal (abgerufen am 17.12.2019).

EKVO / Abwassereigenkontrollverordnung Hessen (Eigenkontrollverordnung – EKVO), in der Fassung der Bekanntmachung vom 23.07.2010 und der letzten Änderung am 22.11.2017

Helmreich, B.; Huber, M.; Muntau, M.; Athanasiadis, K.; Steinle, E. (2017): Abschlussbericht zum F+E-Vorhaben – Analyse einer möglichst weitestgehenden Phosphorelimination bei kommunalen Kläranlagen. Online verfügbar unter https://www.bgu.tum.de/sww/publikationen/forschungsberichte/ (abgerufen am 17.10.2019).

Hessisches Landesamt für Naturschutz, Umwelt und Geologie (HLNUG) (2019 a): Lagebericht 2018 – Beseitigung von kommunalen Abwässern in Hessen. Hessisches Ministerium für Umwelt, Klimaschutz, Landwirtschaft und Verbraucherschutz (Hrsg.). Online verfügbar unter https://umwelt.hessen.de/umwelt-natur/wasser/gewaesserschutz/kommunales-abwasser (abgerufen am 11.07.2019).

Hessisches Landesamt für Naturschutz, Umwelt und Geologie (HLNUG) (2019 b): Übersichtskarte der Kläranlagen zum Lagebericht 2018. Hessisches Ministerium für Umwelt, Klimaschutz, Landwirtschaft und Verbraucherschutz (Hrsg.). Online verfügbar unter https://umwelt.hessen.de/umwelt-natur/wasser/gewaesserschutz/kommunales-abwasser (abgerufen am 11.07.2019).

Hessisches Landesamt für Naturschutz, Umwelt und Geologie (HLNUG) (2019 c): Ergebnisse der Auswertungen zur Reduzierung von Phosphoreinträgen in Hessen (PowerPoint-Präsentation). Online verfügbar unter https://www.hlnug.de/themen/wasser/fliessgewaesser/fliessgewaesser-chemie/standardparameter/landesweite-messungen/ergebnisse (abgerufen am 25.09.2019).

Hessisches Landesamt für Naturschutz, Umwelt und Geologie (HLNUG) (2019 d): WRRL-Viewer. Online verfügbar unter http://wrrl.hessen.de/mapapps/resources/apps/wrrl/index.html?lang=de (abgerufen am 25.11.2019).

Hessisches Landesamt für Naturschutz, Umwelt und Geologie (HLNUG) (2019 e): Landesweite Messungen. Online verfügbar unter https://www.hlnug.de/themen/wasser/fliessgewaesser/fliessgewaesser-chemie/standardparameter/landesweite-messungen (abgerufen am 20.11.2019).

Hessisches Landesamt für Naturschutz, Umwelt und Geologie (HLNUG) (2019 f): Pegel-Messungen. Online verfügbar unter https://www.hlnug.de/static/pegel/wiskiweb2/# (abgerufen am 20.11.2019).

Maßnahmenprogramm 2009-2015 zur Umsetzung der Wasserrahmenrichtlinie in Hessen (2009). 1. Auflage. Wiesbaden: Hessisches Ministerium für Umwelt, Energie, Landwirtschaft und Verbraucherschutz (Hrsg.). ISBN: 978-3-89274-290-6.

Maßnahmenprogramm 2015 bis 2021 zur Umsetzung der Wasserrahmenrichtlinie in Hessen (2015). 1. Auflage. Wiesbaden: Hessisches Ministerium für Umwelt, Klimaschutz, Landwirtschaft und Verbraucherschutz (Hrsg.). ISBN: 978-3-89274-380-4.

Merkel, S. (2018): Leitfaden zur Phosphorelimination in Abwasserteichanlagen. Hessisches Landesamt für Naturschutz, Umwelt und Geologie (Hrsg.). Online verfügbar unter https://www.hlnug.de/fileadmin/dokumente/wasser/abwasser/kommunales_abwasser/regelungen/LeitfadenPhosphorelimAbwasserteich2018.pdf (abgerufen am 08.02.2021).

Münch, K.; Angerbauer, F.; Jung, M.: (2020): Auswertung der Pges- und AFS-Ablaufkonzentrationen von rheinland-pfälzischen Belebungsanlagen an p1-Wasserkörpern, Korrespondenz Abwasser, Abfall 2020 (67) Nr. 12, S. 954ff, Herausgeber: GFA, Hennef

OGewV / Verordnung zum Schutz der Oberflächengewässer (Oberflächengewässerverordnung – OGewV), in der Fassung der Bekanntmachung vom 20.06.2016

Pinnekamp, J. (2007): Studie „Stand der Phosphorelimination bei der Abwasserreinigung in NRW sowie Verfahren zur Phosphorrückgewinnung aus Klärschlamm und aus Prozesswässern der Schlammbehandlung". Studie im Auftrag des Ministeriums für Umwelt und Naturschutz, Landwirtschaft und Verbraucherschutz des Landes Nordrhein-Westfalen. Online verfügbar unter https://www.lanuv.nrw.de/fileadmin/forschung/wasser/klaeranlage_abwasser (abgerufen am 17.07.2019).

Schneider, R. (2005): Grundlagen für den Betrieb von Belebungsanlagen mit gezielter Stickstoff- und Phosphorelimination. 2. Auflage. Stuttgart: DWA Deutsche Vereinigung für Wasserwirtschaft, Abwasser und Abfall e.V., Landesverband Baden-Württemberg (Hrsg.). ISBN: 3937758003.

Seel, P.: Maßnahmenprogramm zur Reduzierung von Phosphoreinträgen in Hessen – 45. Abwassertechnisches Seminar „Weitestgehende Phosphorelimination auf kommunalen Kläranlagen-Möglichkeiten und Grenzen" (2017).

Voigt, A.; Kleffmann, M.; Durth, A. (2013): Verbesserung der Phosphorelimination auf Kläranlagen vor dem Hintergrund steigender Anforderungen. 14. Kölner Kanal und Kläranlagen Kolloquium am 09. und 10.09.2013, Tagungsband "Aachener Schriften zur Stadtentwässerung", Band 17, 28/1-28/12. ISBN: 978-3-938996-73-7.

WRRL / Richtlinie zur Schaffung eines Ordnungsrahmens für Maßnahmen der Gemeinschaft im Bereich der Wasserpolitik (Europäische Wasserrahmenrichtlinie – WRRL), in der Fassung der Bekanntmachung vom 16.12.2001

10 Anhang

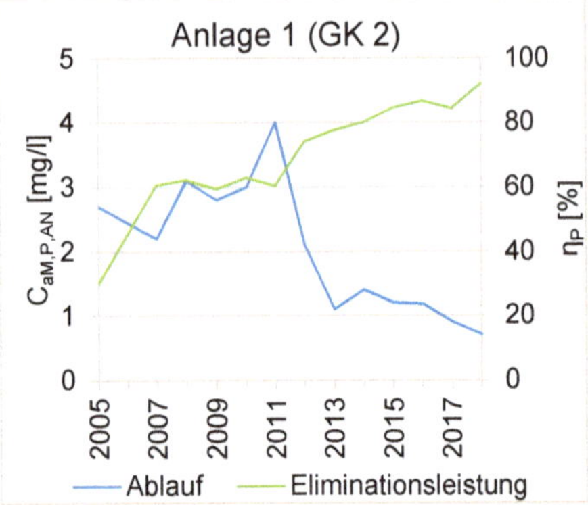
Anlage 1 (GK 2)
$C_{aM,P,AN}$ [mg/l]
η_P [%]
0 1 2 3 4 5
0 20 40 60 80 100
2005 2007 2009 2011 2013 2015 2017
Ablauf
Eliminationsleistung

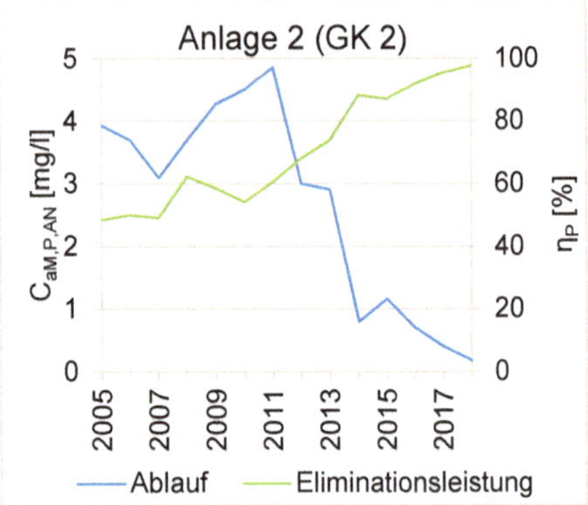
Anlage 2 (GK 2)
$C_{aM,P,AN}$ [mg/l]
η_P [%]
0 1 2 3 4 5
0 20 40 60 80 100
2005 2007 2009 2011 2013 2015 2017
Ablauf
Eliminationsleistung

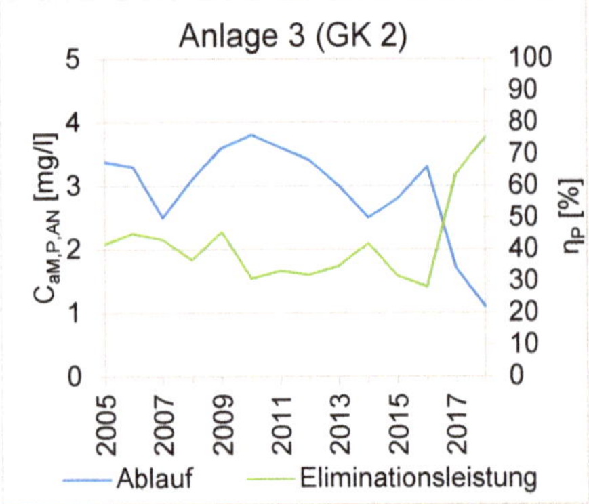
Anlage 3 (GK 2)
$C_{aM,P,AN}$ [mg/l]
η_P [%]
0 1 2 3 4 5
0 10 20 30 40 50 60 70 80 90 100
2005 2007 2009 2011 2013 2015 2017
Ablauf
Eliminationsleistung

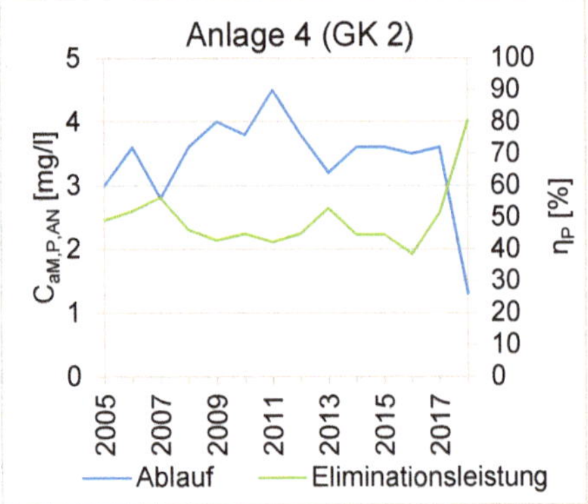
Anlage 4 (GK 2)
$C_{aM,P,AN}$ [mg/l]
η_P [%]
0 1 2 3 4 5
0 10 20 30 40 50 60 70 80 90 100
2005 2007 2009 2011 2013 2015 2017
Ablauf
Eliminationsleistung

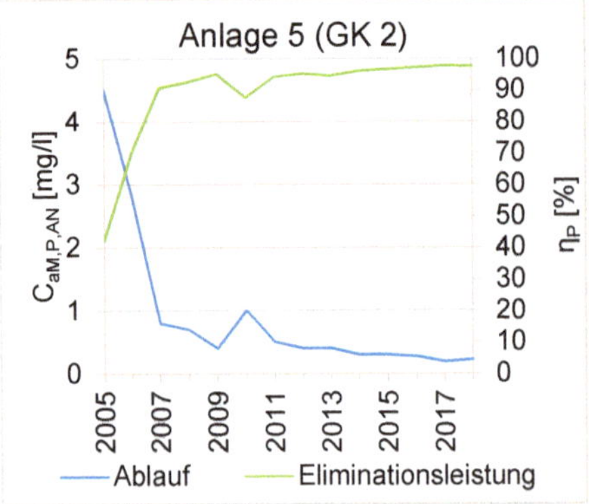
Anlage 5 (GK 2)
$C_{aM,P,AN}$ [mg/l]
η_P [%]
0 1 2 3 4 5
0 10 20 30 40 50 60 70 80 90 100
2005 2007 2009 2011 2013 2015 2017
Ablauf
Eliminationsleistung

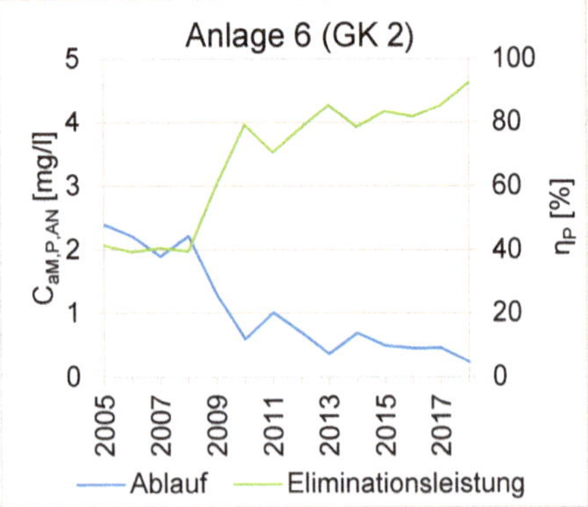
Anlage 6 (GK 2)
$C_{aM,P,AN}$ [mg/l]
η_P [%]
0 1 2 3 4 5
0 20 40 60 80 100
2005 2007 2009 2011 2013 2015 2017
Ablauf
Eliminationsleistung

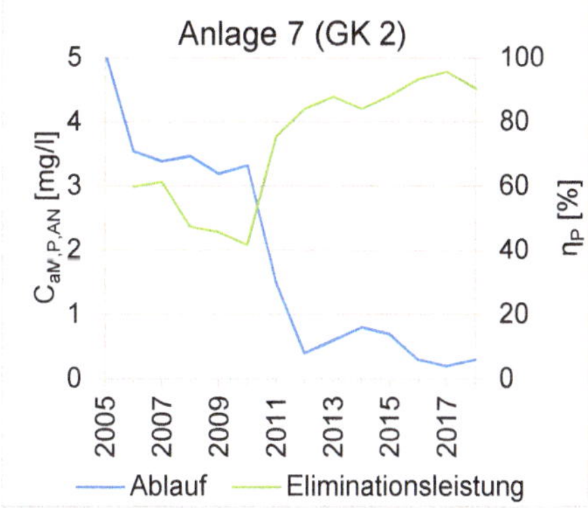
Anlage 7 (GK 2)
$C_{aM,P,AN}$ [mg/l]
η_P [%]
Ablauf
Eliminationsleistung

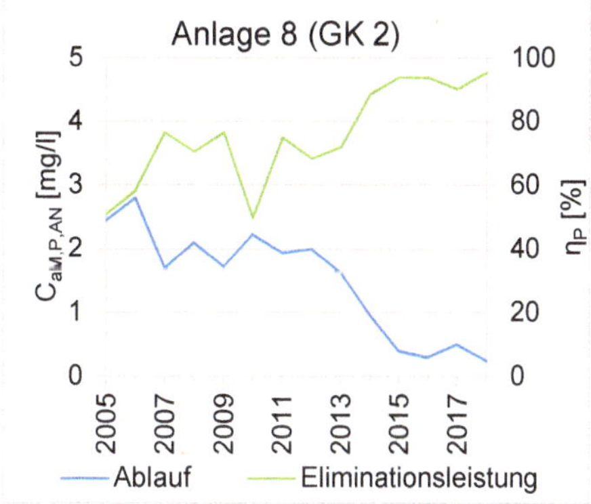
Anlage 8 (GK 2)
$C_{aM,P,AN}$ [mg/l]
η_P [%]
Ablauf
Eliminationsleistung

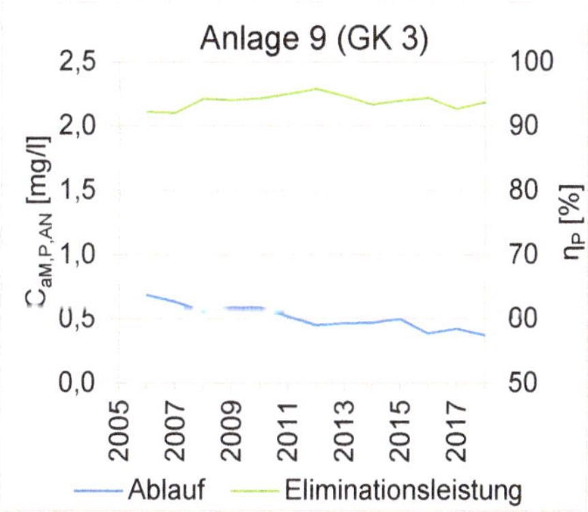
Anlage 9 (GK 3)
$C_{aM,P,AN}$ [mg/l]
η_P [%]
Ablauf
Eliminationsleistung

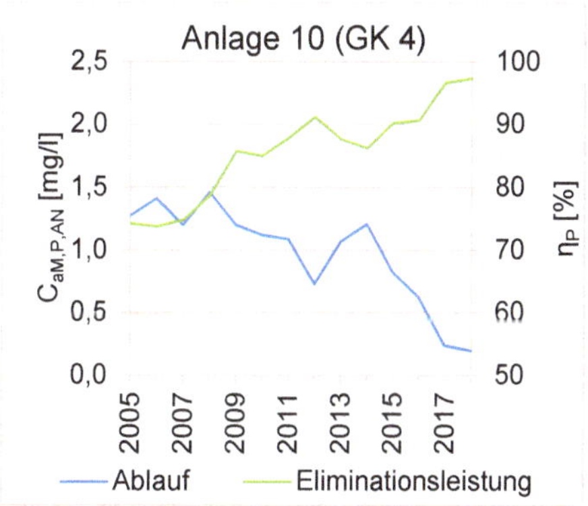
Anlage 10 (GK 4)
$C_{aM,P,AN}$ [mg/l]
η_P [%]
Ablauf
Eliminationsleistung

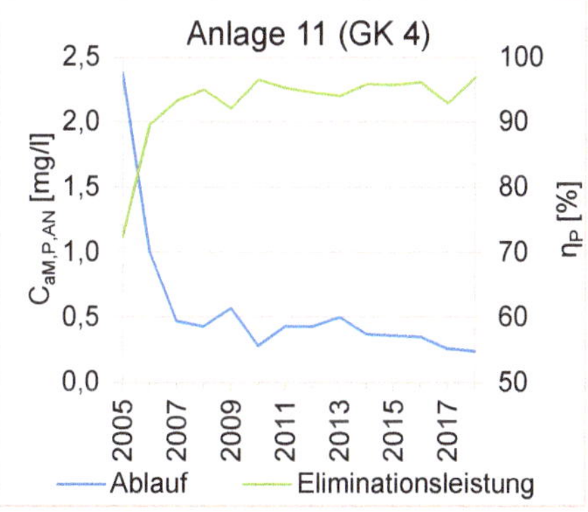
Anlage 11 (GK 4)
$C_{aM,P,AN}$ [mg/l]
η_P [%]
Ablauf
Eliminationsleistung

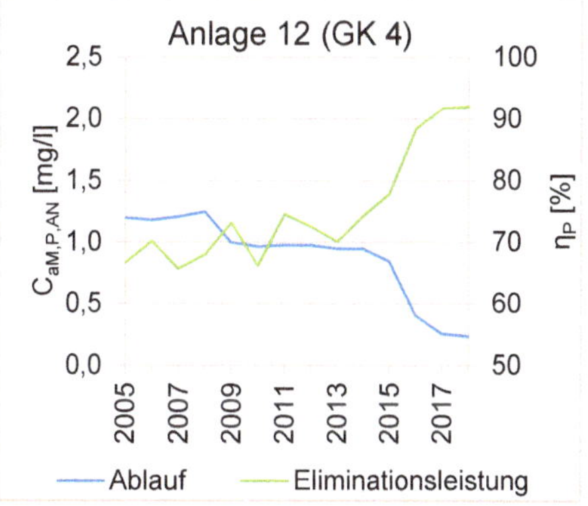
Anlage 12 (GK 4)
$C_{aM,P,AN}$ [mg/l]
η_P [%]
Ablauf
Eliminationsleistung

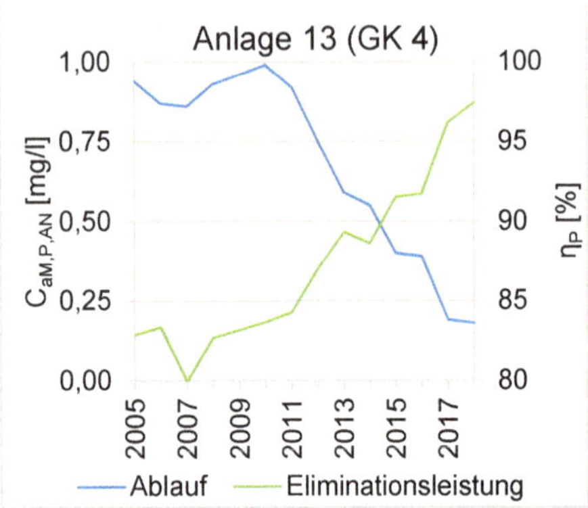
Anlage 13 (GK 4)
$C_{aM,P,AN}$ [mg/l]
1,00
0,75
0,50
0,25
0,00
η_P [%]
100
95
90
85
80
2005
2007
2009
2011
2013
2015
2017
Ablauf
Eliminationsleistung

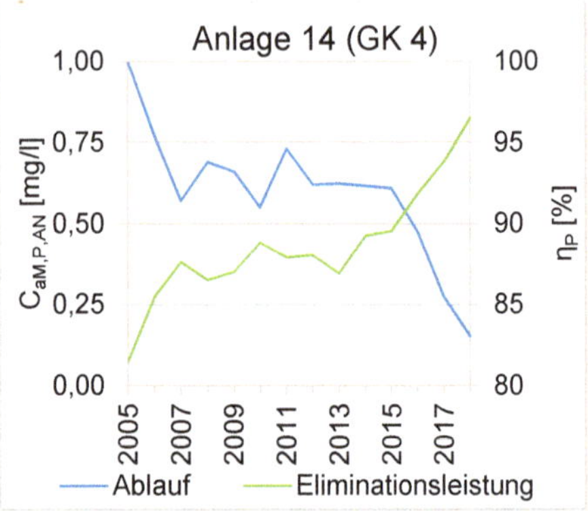
Anlage 14 (GK 4)
$C_{aM,P,AN}$ [mg/l]
1,00
0,75
0,50
0,25
0,00
η_P [%]
100
95
90
85
80
2005
2007
2009
2011
2013
2015
2017
Ablauf
Eliminationsleistung

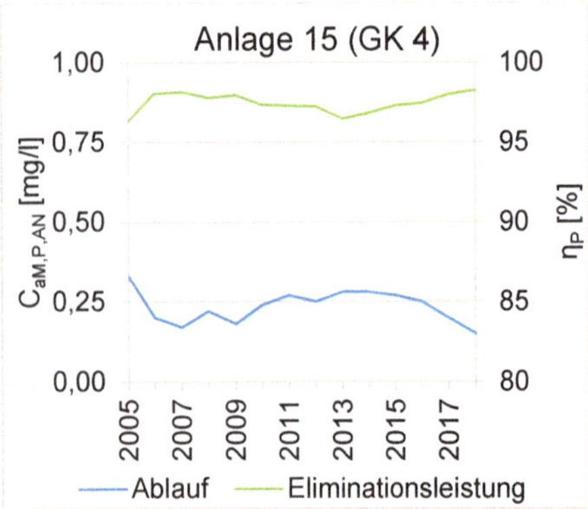
Anlage 15 (GK 4)
$C_{aM,P,AN}$ [mg/l]
1,00
0,75
0,50
0,25
0,00
η_P [%]
100
95
90
85
80
2005
2007
2009
2011
2013
2015
2017
Ablauf
Eliminationsleistung

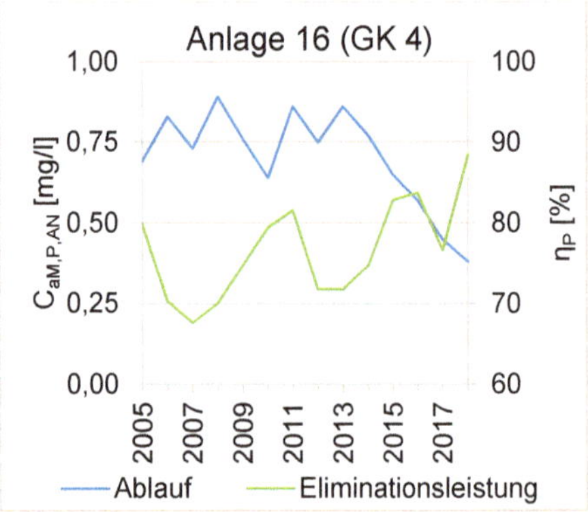
Anlage 16 (GK 4)
$C_{aM,P,AN}$ [mg/l]
1,00
0,75
0,50
0,25
0,00
η_P [%]
100
90
80
70
60
2005
2007
2009
2011
2013
2015
2017
Ablauf
Eliminationsleistung

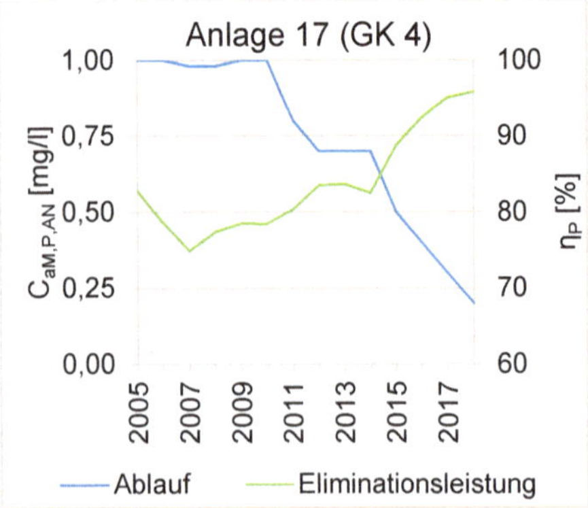
Anlage 17 (GK 4)
$C_{aM,P,AN}$ [mg/l]
1,00
0,75
0,50
0,25
0,00
η_P [%]
100
90
80
70
60
2005
2007
2009
2011
2013
2015
2017
Ablauf
Eliminationsleistung

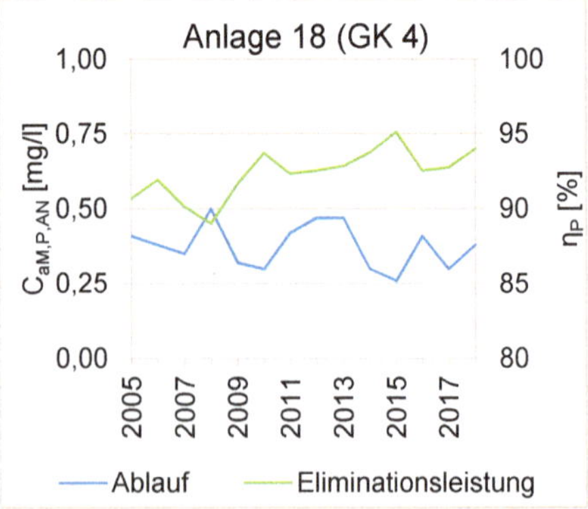
Anlage 18 (GK 4)
$C_{aM,P,AN}$ [mg/l]
1,00
0,75
0,50
0,25
0,00
η_P [%]
100
95
90
85
80
2005
2007
2009
2011
2013
2015
2017
Ablauf
Eliminationsleistung

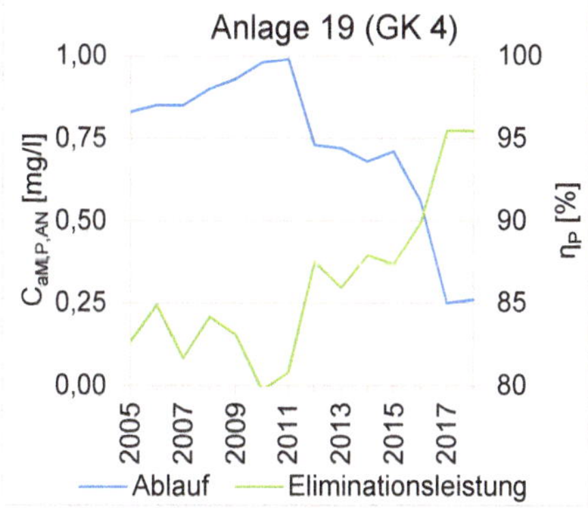
Anlage 19 (GK 4)
$C_{aM,P,AN}$ [mg/l]
1,00
0,75
0,50
0,25
0,00
100
95
90
85
80
η_P [%]
2005
2007
2009
2011
2013
2015
2017
Ablauf
Eliminationsleistung

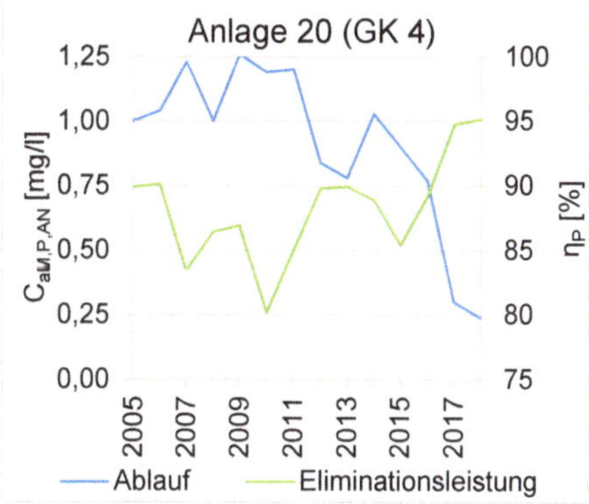
Anlage 20 (GK 4)
$C_{aM,P,AN}$ [mg/l]
1,25
1,00
0,75
0,50
0,25
0,00
100
95
90
85
80
75
η_P [%]
2005
2007
2009
2011
2013
2015
2017
Ablauf
Eliminationsleistung

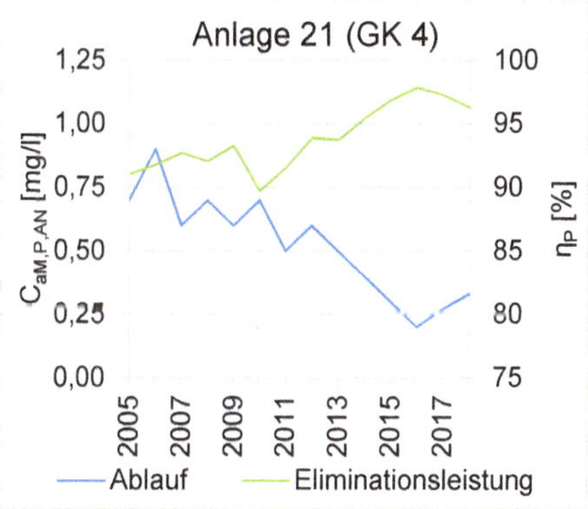
Anlage 21 (GK 4)
$C_{aM,P,AN}$ [mg/l]
1,25
1,00
0,75
0,50
0,25
0,00
100
95
90
85
80
75
η_P [%]
2005
2007
2009
2011
2013
2015
2017
Ablauf
Eliminationsleistung

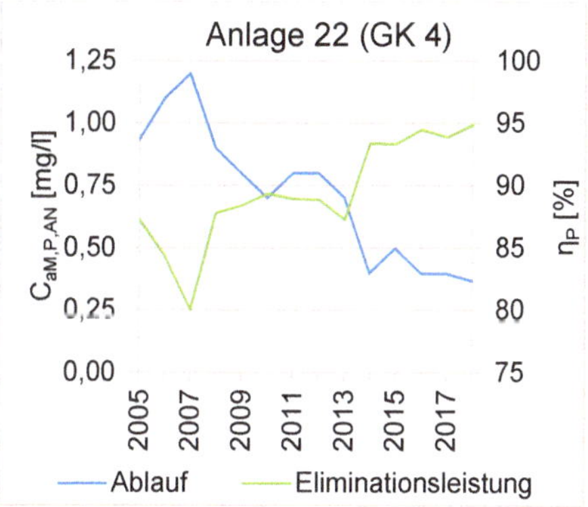
Anlage 22 (GK 4)
$C_{aM,P,AN}$ [mg/l]
1,25
1,00
0,75
0,50
0,25
0,00
100
95
90
85
80
75
η_P [%]
2005
2007
2009
2011
2013
2015
2017
Ablauf
Eliminationsleistung

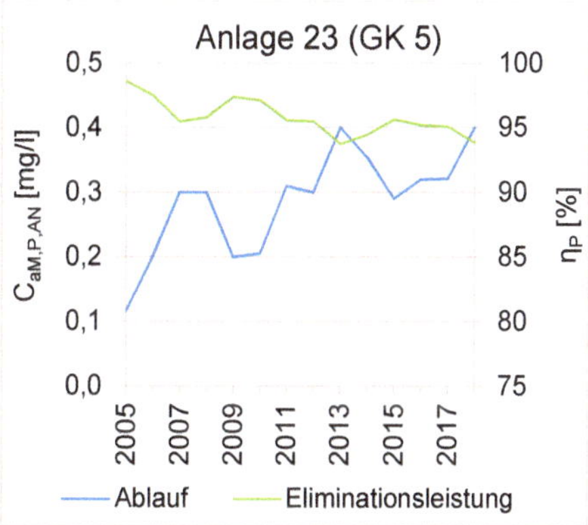
Anlage 23 (GK 5)
$C_{aM,P,AN}$ [mg/l]
0,5
0,4
0,3
0,2
0,1
0,0
100
95
90
85
80
75
η_P [%]
2005
2007
2009
2011
2013
2015
2017
Ablauf
Eliminationsleistung

HESSEN

Evaluierung ausgewählter kommunaler Kläranlagen in Mittelhessen vor dem Hintergrund des Hessischen Maßnahmenprogramms zu Phosphor

Masterarbeit
an der Uni Kassel (Fachgebiet Siedlungswasserwirtschaft)
in Zusammenarbeit mit dem RP Gießen und dem HLNUG

Sehr geehrte Damen und Herren,

um der Überdüngung der Gewässer entgegenzuwirken verfolgt Hessen im Rahmen eines Maßnahmenprogramms das Ziel, die Phosphoreinträge aus kommunalen Kläranlagen zu halbieren. Viele Anlagen wurden deshalb nachgerüstet und verfahrenstechnisch optimiert. Die Jahresmittel aus den Eigenkontrollen und die Messwerte aus der staatlichen Überwachung zeigen, dass die weitergehende Phosphorelimination sehr gut umgesetzt wurde. Die meisten Anlagen halten die geforderten Werte ein. Viele davon weisen bereits seit mehreren Jahren Messwerte unterhalb der Anforderungen auf.

Im Rahmen einer Masterarbeit an der Uni Kassel wird eine Evaluierung ausgewählter Kläranlagen Mittelhessens vor dem Hintergrund des Hessischen Maßnahmenprogramms durchgeführt. Die Bearbeitung erfolgt in Zusammenarbeit mit dem RP Gießen (Herr Reißig, Dezernatsleiter Kommunales Abwasser und Gewässergüte, Tel.: 0641/303-4225) und dem HLNUG. Die Evaluierung umfasst eine Bestandsaufnahme der Anlagen und eine Analyse der jeweiligen P-Elimination. Ziel der Masterarbeit ist es unter anderem, aus Erfahrungen der Kläranlagenbetreiber Handlungsempfehlungen abzuleiten. **Die Anlage *"Name der Anlage"* wurde für die Befragung ausgewählt.**
Mit der Befragung soll ein möglichst breites Spektrum an Daten bezüglich verschiedener Verfahren der P-Elimination aber auch der Belebung erzielt werden.

Um eine gute Datengrundlage aufzubauen, würden wir Sie bitten den beigefügten Fragebogen möglichst vollständig auszufüllen. **Sollte Anonymität gewünscht werden, wird Ihre Anlage weder gegenüber einer Behörde noch in der Arbeit namentlich genannt.**

Bei Fragen zur Masterarbeit oder zum Fragebogen können Sie sich gerne an Sarah Emmert (Studentin an der Uni Kassel, Studiengang: Master Bauingenieurwesen) wenden.
E-Mail: sarah.emmert@t-online.de
Mobil: 0152 32178348

Wir bitten Sie den ausgefüllten Fragebogen inklusive Anhänge möglichst zeitnah, aber spätestens bis Freitag, **08. Nov 2019**, entweder eingescannt per Mail an oben genannte Mail-Adresse oder postalisch an folgende Anschrift zu senden:

Sarah Emmert
Mühlbachmitte 2
97723 Thulba

Nach Auswertung der Fragebögen sind Vor-Ort-Termine zur Besichtigung der Anlagen, die besonders interessant sind, geplant. Die Bearbeitung erfolgt auf freiwilliger Basis. Da die Erstellung der Masterarbeit jedoch auf der Auswertung der Fragebogen basiert, würde ich mich sehr freuen, wenn Sie den Bogen ausfüllen und an mich zurückschicken. VIELEN DANK!

Mit freundlichen Grüßen,

Sarah Emmert

Seite 1 von 10

1. Allgemeine Angaben

Name der Kläranlage ______________________

Angaben zum Ansprechpartner:

Name: ______________________

Telefonnummer: ______________________

E-Mail-Adresse: ______________________

☐ Die Auswertung soll anonym bleiben.

2. Aufbau der Kläranlage

Verfahrensschema ☐ liegt bei ☐ nicht vorhanden

☐ Rechen
☐ Sieb
☐ Sandfang
☐ Fettfang

☐ Tropfkörper ☐ (Anzahl)
☐ Rotationstauchkörper
☐ SBR
☐ Absetzteich
☐ Schönungsteich

				Anmerkungen:
☐	Vorklärbecken:	______	[m³/Becken]	______
☐	Anaerobes Becken:	______	[m³/Becken]	______

Aufenthaltszeit bei max. TW-Abfluss und Rücklaufschlammstrom: ______ [h]

☐	Separate Deni-Becken:	______	[m³/Becken]	______
☐	Belebungsbecken:	______	[m³/Becken]	______
☐	Nachlärbecken:	______	[m³/Becken]	______

☐ Skizze/ Plan mit Darstellung der Konstruktion Nachklärbecken beigefügt
☐ nicht vorhanden

☐	Zwischenklärbecken:	______	[m³/Becken]	______
☐	Teich, belüftet:	______	[m²]	______
☐	Teich, unbelüftet:	______	[m²]	______
☐	Nachklärteich:	______	[m²]	______

☐ Schlammeindickung
☐ Faulung
☐ Schlammentwässerung ☐ Kammerfilterpresse ☐ extern
☐ Zentrifuge ☐ mobil
☐ Scheckenpresse ☐ Sonstige: ______

Seite 2 von 10

- O_2-Gehalt Belebung: ______________ [mg/l]
- Belüftungssystem:

  (Druckbelüfter, Oberflächenbelüfter, mittelblasig, feinblasig, Rohre, Teller, Platten, Dorne, Walzenbelüfter, Kreiselbelüfter, ...)

- Oberflächenbeschickung Nachklärung: ______________ [m/h]

Schlammanfall

- Primärschlamm ______________ [m³/d] Trockensubstanz: ______________ [kg TS/d]

  Phosphatgehalt bezogen auf die Schlammtrockenmasse: ______________ [kg P/kg TS]

- Überschussschlamm ______________ [m³/d] Trockensubstanz: ______________ [kg TS/d]

  Phosphatgehalt bezogen auf die Schlammtrockenmasse: ______________ [kg P/kg TS]

  Schlammvolumenindex: ______________ [ml/g]

- Schlammanfall **vor** Implementierung einer P-Elimination:

  Gesamtschlamm ______________ [m³/d] Trockensubstanz: ______________ [kg TS/d]

- Werden Fremdschlämme angenommen? Wenn ja, woher?

  ☐ nein ☐ ja, von: ______________

Prozesswasser ______________ [m³/d]

Phosphorrückbelastung aus Prozesswasser bezogen auf die P_{ges}-Konzentration im Zulauf der Anlage:

______________ [%]

Ist der Rückführung des Prozesswassers in den Hauptstrom ein Speicherbecken vorgeschalten?

☐ ja ☐ nein

Wie erfolgt die Rückführung?

- Einleitstelle in den Haupstrom? ______________
- kontinuierlich/ diskontinuierlich? ______________
- Falls diskontinuierlich, nach welchem Management?

Seite 3 von 10

Denitrifikation ☐ keine

☐ vorgeschaltete Denitrifikation

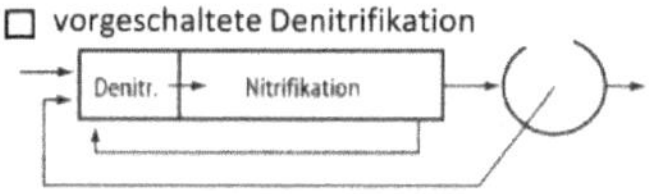

☐ alternierende Denitrifikation

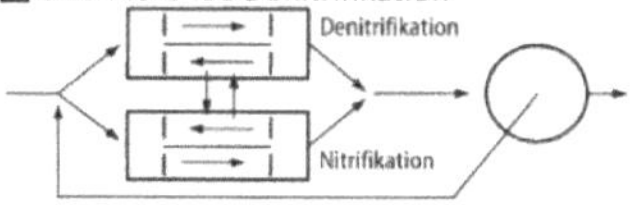

☐ Kaskaden-Denitrifikation

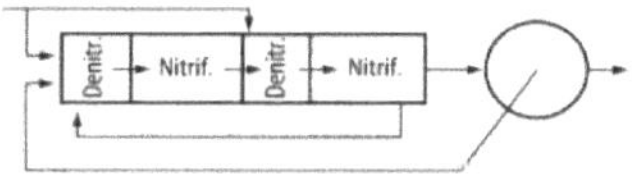

☐ intermittierende Denitrifikation

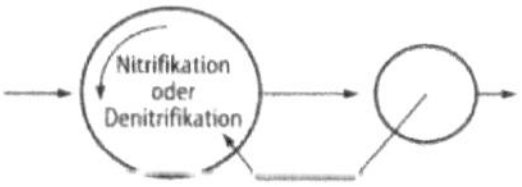

☐ simultane Denitrifikation

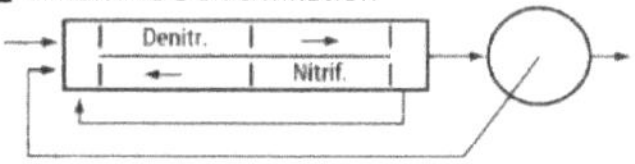

☐ nachgeschaltete Denitrifikation

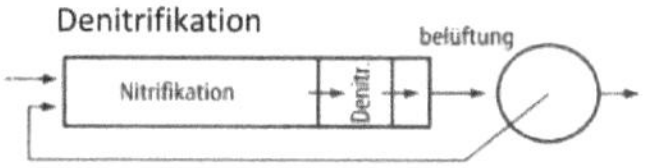

☐ Mischform bzw. weitere Variation, Skizze:

Nitri : Deni ______ : ______ [%]

Filter ☐ Tuchfilter
☐ Sonstigen: ____________________

Betriebsweise:

☐ kontinuierlich ☐ diskontinuierlich
☐ Membranmodul integriert ☐ Membranmodul nachgeschaltet
☐ Hauptstrom ☐ Nebenstrom
☐ aufwärtsdurchströmt ☐ abwärtsdurchströmt

Filtergeschwindigkeit: ____________________ [m/h]

Desinfektion Art: ____________________

Sonstige Verfahren: ____________________

Seite 4 von 10

3. Verfahren zur P-Elimination

Verfahrenstechnische Optimierungen, Erneuerungen und Erweiterungen in den letzten Jahren?
z. B. Optimierung der Nachklärung, Bau/ Erneuerung einer P-Fällung, Implementierung einer biologischen P-Elimination, Erneuerung der Belüftung, ...

Wann und Was?

3.1 Anlagen mit P-Fällung:

☐ Vorfällung ☐ Simultanfällung ☐ Nachfällung
☐ Einpunktfällung ☐ Zweipunktfällung ☐ Dreipunktfällung
☐ Flockungsfiltration

☐ Sonstige: ______________________

- Steuerungs- und Regelungskonzept:
  Bei Mehrpunktfällung bitte 1, 2 oder 3 je nach Dosierstelle in das zutreffende Kästchen eintragen!

☐ zeitabhängige, konstante Dosiermenge
☐ Dosierung nach gemessener Ganglinien
☐ wassermengenproportional
☐ Steuerung nach Phosphatfracht mit Messort... — gemessen wird...
☐ ... im Zulauf Belebungsbecken — ☐ o-PO_4-P ☐ P_{ges}-Konz.
☐ ... im Ablauf Belebungsbecken — ☐ o-PO_4-P ☐ P_{ges}-Konz.
☐ ... im Zulauf Vorklärung — ☐ o-PO_4-P ☐ P_{ges}-Konz.
☐ anderer Messort: ______________ ☐ o-PO_4-P ☐ P_{ges}-Konz.
☐ Regelung nach Phosphat-Ablaufwert mit Messort...
☐ ... im Zulauf Vorklärung — ☐ o-PO_4-P ☐ P_{ges}-Konz.
☐ ... im Zulauf Nachklärung — ☐ o-PO_4-P ☐ P_{ges}-Konz.
☐ ... im Ablauf Belebungsbecken — ☐ o-PO_4-P ☐ P_{ges}-Konz.
☐ anderer Messort: ______________ ☐ o-PO_4-P ☐ P_{ges}-Konz.

☐ mit/ ☐ ohne Aufschaltung des Abflusses auf die Regelung

Soll-Wert der PO_4- bzw. P_{ges}-Konz. bei der Regelung: ______________ [mg/l]

- Dosierstelle(n):
  Bei Mehrpunktfällung bitte 1, 2 oder 3 je nach Dosierstelle in das zutreffende Kästchen eintragen!

☐ belüfteter Sandfang
☐ Zulauf Vorklärung
☐ Zulauf Belebung
☐ Belebungsbecken, genauer: ______________
☐ Zulauf Nachklärung
☐ Rücklaufschlamm
☐ Einlauf nachgeschaltete Trennstufe
☐ Zulauf Flockungsfilter

- Fällmittelart: ______________________

Produktdatenblatt ☐ liegt bei

- mittlere Fällmittelmenge [l/d] bzw. [kg/d]:

Jahr	2015	2016	2017	2018	2019
Menge					

Seite 6 von 10

- K_P-Wert [mol $Me^{3+}_{dosiert}$/ kg $P_{Zulauf\ KA}$]

1. Dosierstelle: K_P= ☐ ggf. 2. Dosierstelle: K_P= ☐ ggf. 3. Dosierstelle: K_P= ☐

Falls K_p-Wert nicht ermittelt:

(spezifische Wirksubstanz d. Fällmittels: ________ [mol Me/ kg]

Dichte d. Fällmittels: ________ [kg/l] bzw. [kg/kg]

Fällmittelmenge pro Dosierstelle: ________ [l/d] bzw. [kg/d]
(1. Dosierstelle)

________ [l/d] bzw. [kg/d] ________ [l/d] bzw. [kg/d])
(ggf. 2. Dosierstelle) (ggf. 3. Dosierstelle)

- mittlerer pH-Wert im Flockungsbereich: ________

- Gewährleistung der Einmischung des Fällmittels durch:
  - ☐ hydraulischen Wechselsprung
  - ☐ Rührwerke
  - ☐ druckseitige Turbulenz von Pumpen
  - ☐ statischer Mischer
  - ☐ Rohrflockung
  - ☐ belüftete Fließstrecke
  - ☐ Querschnittserweiterung
  - ☐ Zusammenführen von Teilströmen
  - ☐ Schneckenpumpwerk
  - ☐ anderes Verfahren: ________

- Zugabe von Polymeren als Flockungshilfsmittel? ☐ ja ☐ nein

Wenn ja, welche: ________

Zugabestelle(n): ________

mittlere Menge an Polymeren:

Jahr	2015	2016	2017	2018	2019
Menge					

Einheit: ________

- Wird Abwasser von industriellen Indirekteinleitern in die Kläranlage eingeleitet? ☐ja ☐nein

Wenn ja, aus welcher Industrie?

☐ Papierindustrie ☐ Elektroindustrie
☐ Metallindustrie ☐ Nahrungsmittelindustrie

☐ Sonstige: ________

Seite 7 von 10

3.2 Anlagen mit biologischer P-Elimination:

biologische P-Elimination durch...

☐... anaerobe Zone (Anlage mit gezielter N-Elimination)
☐... erhöhtes Schlammalter (Anlage ohne gezielte N-Elimination), t_{TS}= ________________ [d]
☐... anaerobe Zeiten

☐... Sonstiges: ________________

Konditionierung des Roh- oder Faulschlammwassers? ☐ ja ☐ nein

Wenn ja, welche Art/ welches Konditionierungsmittel?

☐ anorganisch: ________________

☐ organsich: ________________

☐ mechanisch: ________________

☐ thermisch

3.3 Betriebserfahrungen mit der P-Elimination:

Wurden mit der Umsetzung einer P-Fällung neben der P-Elimination weitere Ziele verfolgt und konnten diese erreicht werden? z. B. verbesserte Schlammvolumenindex, Bekämpfung von Blähschlamm, ...

Gibt es Probleme mit internen, z.B. durch Rückbelastung aus Prozesswasser oder mit externen, z.B. durch Indirekteinleiter, P-Stößen? ☐ja ☐ nein

Wenn ja, inwiefern und wodurch? Was wurde evtl. dagegen unternommen?

Wie wirkt sich der Fremdwasseranteil auf die P-Elimination aus? Was wurde evtl. dagegen unternommen?

Seite 8 von 10

Gibt es generelle Auffälligkeiten im Vorfluter? z. B. Verockungen, ...

Beobachtete positive Nebeneffekte der P-Elimination:

weitere Probleme, Störungen
z. B. Ablagerungen in Rohrleitungen, erhöhter Feststoffabtrieb, Störungen bei der Fällmittelzugabe, Probleme mit der Messtechnik, ...

Was wurde dagegen unternommen? z. B. auch eigene Lösungen und Erfindungen

Seite 9 von 10

3.4 Aufwand bezogen auf P-Elimination:

Personaleinsatz: ________________ [h/Woche]

davon für Analytik: ________________ [h/Woche]

für Online-Messgeräte: ________________ [h/Woche]
(Kalibrierung, Wartung, ...)

Kosten: ________________ [€/a]

Energieverbrauch: ________________ ☐ [kWh/a] ☐ [€/a]

4. Eigenkontrolle

Um eine genaue Aussage über die Reinigungsleistung, auch hinsichtlich Kohlenstoff und Stickstoff, treffen zu können und einen Überblick über die Schwankungsbreite der Werte zu erhalten, wird darum gebeten, die Einzel-Messwerte der Eigenkontrollen von 2018 bis heute beizufügen.

☐ Tabelle mit Einzel-Messwerten der Eigenkontrollen von 2018 bis heute ist beigefügt.

5. Sonstige Anmerkungen

Seite 10 von 10

		1	2	3	4	5	6	7	8	9	10	11	12	13	14
Ausbaugr. [EW]		2.200	2.500	2.500	3.700	4.000	10.500	11.500	13.000	27.000	42.600	68.000	78.000	99.000	155.000
tatsächl. EW		3.929	3.351	2.915	3.900	4.003	14.450	13.897	10.833	25.000	42.600	64.167	105.000	125.000	143.630
GK		2	2	2	2	2	4	4	4	4	4	4	4	4	5
Art der biolog. Reinigung		Belebt-schlamm	TKA	TKA mit Festbett	SBR	Belebt-schlamm	Belebt-schlamm	Belebt-schlamm	Belebt-schlamm	Belebt-schlamm	Belebt-schlamm	Belebt-schlamm	Belebt-schlamm	Belebt-schlamm	Belebt-schlamm
EK 2018	P_{ges}	Jahres-mittel 0,21 mg/l	Jahres-mittel 1,1 mg/l	Jahres-mittel 1,3 mg/l	Jahres-mittel 0,24 mg/l	Jahres-mittel 0,27 mg/l	Jahres-mittel 0,20 mg/l	k.A.	k.A.	k.A.	k.A.	k.A.		k.A.	8 mal
	$o-PO_4-P$	-	-	-	-	-	k.A.						3 mal		-
EK 2019	P_{ges}	Jahres-mittel 0,28 mg/l	k.A.	k.A.	k.A.	Jahres-mittel 0,22 mg/l	k.A.	k.A.							6 mal (Stand Okt)
	$o-PO_4-P$	-	-	-	-	-			1 mal (Stand Okt)	5 mal (Stand Sept)	5 mal (Stand Juni)	immer (Stand Juni)	2 mal (Stand Nov)		-
1 Aufbau															
Rechen		x	x	x	x	x	x	x	1	1		x	x	x	5
Sandfang		x			x	x	x	x	1	1		x	x	x	2
Fettfang							x	x	1	1		x	x	x	
Absetzteich		x		1	x										
Teich, belüftet			2, 2.585 u. 2.933 m²	800 m²											
Teich, unbelüftet		800 m²		700 m²											
Nachklärteich		500 m²													
Schönungsteich		x	2	1		x								x	
SBR				1	2										
VKB								1, 200 m³		1, 400 m³		1, 1.100 m³	2, je 275 m³	2, je 432 m³	2, je 725 m³
Anaerobes Becken								1, 600 m³				1, 2.200 m³	2, je 465 m³, werden für Deni genutzt	1 3.000 m³	

separates Deni-Becken									1, 1.000 m³			Deni: 2x 655 m³,		
BB	Oxigraben 1.250 m³				1, 1.480 m³	1, 3.200 m³	2, je 2.060 m³	1, 2.150 m³	1, 2.600 m³		2, je 4.600 m³	Deni/Nitri: 2x 655 m³, Nitri: 2x 1.975 m³	4, je 2.500 m³, in je 5 Kaskaden	6, je 1.833 m³
NKB					1, 780 m³	1, 2.900 m³	2, je 1.260 m³	2, je 1.640 m³	1. 4.300 m³		2, 4.500 u. 2.300 m³	2, je 650 m³	4, je 1.400 m³	4, 12.057 m³ gesamt
Filter												Sandfilter		Biofilter
O_2-Gehalt in der Belebung [mg/l]	2	2 (Teich 1) 5 (Teich 2)	2-3	2	2	0,2-0,5	1,5	0,6	1,5		0,62	0,5-1,5	1,5-2,2	2
Belüftungssystem	Walzenbelüfter	Oberflächenbelüfter	Oberflächenbelüfter	Druckbelüfter	Plattenbelüfter, feinblasig	2 Mammutrotoren	Druckbelüfter		Druckbelüfter			Plattenbelüfter, feinblasig	Drückbelüfter, feinblasig	Plattenbelüfter, feinblasig
Oberflächenbeschickung NK [m/h]	k.A.	k.A.	k.A.	k.A.	k.A.	k.A.	k.A.	0,46	1,34-12,96	k.A.	k.A.	0,97	k.A.	k.A.
Fremdschlammannahme?	nein			ja, von der KA der Deponie	nein	ja, von 4-6 Außenanlagen	ja, von Klärgruben aus dem EZG	nein	ja, von 3 anderen KA zur Entw.		nein	ja, von weiterer Anlage	ja, Fettabscheider	k.A.
Prozesswasser														
Rückbelastung bezogen auf P_{ges}-Konz. im Zulauf KA	-	-		50%	-	-		-	0%		-	-	-	<1%
Speicherbecken vorgeschalten?	-			nein	-	ja	ja	ja	ja		ja	ja	nein	ja
Einleitstelle?	-			Vorlage der SBR-Anlage	-	Zulauf KA	Zulauf KA	Belebungsbecken	Zulauf KA		k.A.	k.A.	Zulauf KA	Zulauf KA

Rückführung		–				–									
diskontinuierlich					x		x	x	x	x		x	x		x
kontinuierlich														x	
					Trübwasser 4mal täglich, Sickerwasser je nach Füllstand Sammelschacht		Je nach Auslastung der Belebung	zeitlich gesteuert, stündlich für 10 min	je nach Wasserstand im Speicherbecken	Je nach Ammonium, Nitrat in der Belebung		Je nach Ammonium, Nitrat und Phosphat in der Belebung	in Intervallen		je nach NH_4-N-Belastung im Zulauf
Schlammbehandlung															
Schlammeindickung		1			statisch	1		1		1		1	x	1	1
Faulung								1		1		1	x	2	1
Schlammentwässerung															
Kammerfilterpresse							2			1		1			1
Zentrifuge								1	1				x	1	
Schlammsilo		1				1									
2 Verfahren zur P-Elimination															
2.1 Fällung															
1-Punktfällung	9	x	x	x	x	x	x	x		x		x		x	
2-Punktfällung	4								x		x		x	(bei Regen)	
3-Punktfällung	1														x
Vorfällung	1												x		
Simultanfällung	14	x	x	x	x	x	x	x	2x	x	2x	x	x	2x	3x
Nachfällung	0														
MSR-Strategie															
zeitabh., konstante Dosiermenge	8	x	x	x		x			1				x	x	3
nach Ganglinie	1														
Steuerung	2														2 und 1
Regelung	9				x		x	x	2	x	1 und 2	x	x		
nach P_{ges}	3				x						2		x		
nach ortho-P	9						x	x	2	x	1 und 2	x			2 und 1

Zulauf BB	1														1
Ablauf BB	6						x		2	x		x	x		2
BB	2		x					x							
Zulauf NK	1										1				
Ablauf KA	2				x						2				
mit Abfluss-Aufschaltung	1									x					
Zielwert								0,12	0,12	0,15			0,4		0,3
Dosierstelle															
Zulauf VK	1												1		
Ablauf VK	1													(bei Regen)	
RS	2								1						3
Zulauf BB	7	x		x		x		x					2	x(Zulauf Anaerobbecken)	1
BB	5		x (Teich 2)		x		x (TSM-Modul)			x	1				
Ablauf BB	2								2			x			
Zulauf NK	2										2				2
Fällmittel															
$AlCl_3$	1				x										
PAC	5							x	2x					x	3
mit Fe-Anteil	1							x							
$FeCl_3$	11	x	x	x		x	x			x		x	2x	(bei [illegible]	2
$FeCl_2$	2										2x				
$FeSO_4$	1														1
Gewährleistung der Einmischung durch															
Wechselsprung	6	x				x							x		3x
Rührwerke	2				x									x	
Belüftung	4		x	x				x	x						
Zusammenführen von Teilströmen	3			x					x		k.A.	x			
stat. Mischer	1									x					
Absturz	2												x	x	
TSM-Modul	1						x								

Sonstiges														
pH Flockungsbereich		7,5	7,2	7,4		7,2		7,3	6,4–6,8	k.A.	6,9		6,8–7,8	
Polymere?	nein	nein	nein	nein	nein	nein	nein	nein	nein		ja	nein	(bei Regen)	nein
											in Schlamm			
industrielle Indirekteinleiter?	nein	nein	nein	ja	nein	nein	nein	nein	ja	k.A.	ja	ja	ja	ja
				denitrifiziertes Sickerwasser der Deponie					Nahrungs-mittelindustrie		Kliniken	Nahrungsmitte lindustrie und Färberei	Metall- und Nahrungsmitte l-industrie	Pharmaindus-trie
2.2 Bio-P														
4				x			x				x		x	
Konditionierung des Schlamms?									ja, anorganisch, $FeCl_3$ und Kalk				nein	
3. Betriebserfahrungen														
Ziele neben P-Reduktion?	k.A.	k.A.	k.A.	k.A.	k.A.	k.A.	Schwefelbindung im Faulturm durch Eisenanteile	nein	Bekämpfung v. Fadenbakterien durch Al in den Wintermonaten	k.A.	Bekämpfung von Fadenbakt. durch Fe/Al-Gemisch in den Wintermonaten		nein	nein
P-Stöße?	nein	nein	nein	nein	nein	k.A.	nein	nein	ja[2]	k.A.	nein	nein	nein	ja[1]
1) nichts gefunden, um dem entgegen zu wirken														
2) durch Getränkeindustrie (->Erhöhung der Dosiermenge und frühzeitige Erkennung von Stoßbelastungen) und bei Regenereignissen durch Schlamm aus														
Einfluss durch Fremdwasser?	nein	k.A.	k.A.	nein	nein	k.A.	k.A.	k.A.	nein	k.A.	k.A.	k.A.	nein	keinen
Auffälligkeiten im Vorfluter?	nein	k.A.	k.A.	nein	nein	k.A.	nein	nein	nein	k.A.	k.A.	nein	nein	k.A.

positive Nebeneffekte?	CSB verbessert	k.A.	k.A.	keine Bildung v. Fadenalgen	CSB verbessert	besseres Absetzen im NKB	k.A.		geringere P-Belastung der	k.A.	k.A.	k.A.	k.A.	k.A.
Probleme/ Störungen	Für 1-5, 7 und 10 keine Angaben													
	6 TSM-Modul wurde durch starke Strömung abgerissen, starke orangene Ablagerungen im Eindicker, orangene Ablagerungen in der Ablaufrinne im NKB													
	8 keine													
	9 stärkere Korrosion an metallischen Bauteilen													
	11 sehr schnelle Zersetzung von Laufstegen oberhalb der Fällmittelzugabe, Fällmittelzugabe unter Wasseroberfläche verlegt													
	13 MAP-Ablagerungen in den Rohrleitungen der Faultürme. Dosierung der Nassentschwefelung erhöht, ca. 2l/h FeCl3. Dadurch weniger Phosphat im Trübwasser													
	14 Probleme mit der Messtechnik													
4. Aufwand														
Personaleinsatz [h/Woche]														
für P-Elimination	k.A.	2	1-2	1-2	k.A.	2	10	5	1,5	k.A.	4	1	5	10
davon Analytik	k.A.	1	0,5	1	k.A.		6	1,5	k.A.	k.A.	2	0,5	1	2
davon Online-Messtechnik	k.A.	0	0	0	k.A.	1	4	3,5	k.A.	k.A.	2	0,5	4	5
[h/(EW*a)]		0,031	0,027	0,020		0,007	0,037	0,024	0,003		0,003	#######	0,002	0,004
Kosten und Energie														
Kosten [€/a]	3.000-5.000 (Fällmittel, Personal, ohne: zusätzl. Schlamm, Inv. + Zinsen)	k.A.	k.A.	k.A.	2.000-4.000 (Fällmittel, Personal, ohne: zusätzl. Schlamm, Inv. + Zinsen)	k.A.	k.A.	15.000 (Fällmittel+Wartung)	16.000 (Wartung Analytik durch Dritte, Reagenz, Fällmittel, ohne Abschreibung)	k.A.	k.A.	k.A.	k.A.	100.000 (25.000 Personal und ca. 75.000 Fällmittel)
Energieverbrauch	k.A.	k.A.	80 kWh/a	k.A.	k.A.	k.A.	k.A.	k.A.	k.A.	k.A.	k.A.	k.A.	k.A.	5256 €/a

	5. Bemerkungen
1	Schlamm P-Gehalt: 93 kg P/kg TS
2 und 3	seit 2017 Fällung Bei TKA ist es generell schwierig eine geeignete Stelle mit genügend Strömung zu finden, an der das Fällmittel effektiv eingebracht werden kann. Bei der Anlage 3 haben wir zusätzlich einen Festbettreaktor. Dieser hat aufgrund der Belüftung genügend Verwirbelung, um die Verteilung des Fällmittels zu garantieren. In 2 wird das Fällmittel in unmittelbarer Nähe zum Fuchsbelüfter hinzugegeben, um die Strömung zu nutzen. Alle Anlagen laufen mit fest eingestellten Werten. MA muss bei den 3-wöchigen Kontrollen anhand der Werte entscheiden, ob mehr oder weniger dosiert wird. Dadurch wird tendenziell zu viel Fällmittel eingebracht. Das verursacht zusätzlich Kosten und belastet das Gewässer.
4	SBR-Zyklus: Füllen, Ntrifikation, Denitrifikation, P-Fällung, Belüften, Absetzen, Abzug Klarwasser/ Schlamm
7	2 Belebungsbecken, je Becken 1 P-Online-Messung
8	10/2017: zusätzlich zur vorhandenen Simultanfällung wurde im Ablauf der Belebung eine 2. Dosierstelle errichtet +Online-Messung täglicher Fällmittelbedarf erhöht sich trotz verschärfter ÜW nur gering wegen 2-Punktfällung
9	Regelung der Dosiermenge über Reglersystem, Einbau Reglersystem mit Sollwertvorgabe 2011 Dosierung in das Rundbecken bei 50% Nitri vor Ablauf NKB 2020 2. Dosierstelle, weiterer Fällmitteltank für Aluminium, kontinuierliche Messung P im Zulauf der KA (frühzeitige Erkennung von Stößen-> Verbesserung der Reaktionszeit in der Regelstrecke)
10	Fällmittelverbrauch ist entgegen der Annahme nur geringfügig gestiegen nach Implementierung einer 2. Dosierstelle
11	in den Wintermonaten wird ein Fe/Al-Gemisch dosiert seit 1996 Simultanfällung seit 1999 Bio-P-Becken 2020 Optimierung der P-Elimination geplant
14	Biofilter wird bei Bedarf zugeschalten, Dauerbetrieb mit 25-30% der Wassermenge -Austausch Rohrbelüfter im Plattenbelüfter (2012) -Einbau von Einlaufkulissen (statisch) in die NKB 1,2 und 3 (2016/2017) -2018: Einbau einer mobilen Einlaufkulisse in NKB 4, Einbau einer zusätzl. Dosierstelle in den Ablauf der belebung, Optimierung Messtechnik/ Steuerung

In der Schriftenreihe WASSER • ABWASSER • UMWELT des Fachgebietes Siedlungswasserwirtschaft der Universität Kassel sind bisher folgende Bände erschienen:

		Preis €
Band 1:	Stickstoff und Phosphor in Fließgewässern – Wissensstand und Folgerungen für die Abwasserreinigung (1986) 1. Kasseler Siedlungswasserwirtschaftliches Symposium	vergriffen
Band 2:	Planungshilfen zur weitergehenden Abwasser-reinigung und Klärschlammentsorgung (1988) 2. Kasseler Siedlungswasserwirtschaftliches Symposium	vergriffen
Band 3:	Betrieb und Wirtschaftlichkeit der Kraft-Wärme-Kopplung auf kleinen und mittelgroßen Kläranlagen in Hessen (1998) Wolf, P., Eck-Düpont, M.	vergriffen
Band 4:	Behandlung von Deponiesickerwasser (1988) 1. Abfallseminar des Fachgebietes Siedlungswasserwirtschaft	25,-- €
Band 5:	Stand der Technik bei der Vermeidung gefährlicher Stoffe in der Abwasserbeseitigung (1989) 3. Kasseler Siedlungswasserwirtschaftliches Symposium	25,-- €
Band 6:	Phänomene der hydraulischen Leitfähigkeit dauernd hydromorpher Bodenmatrices – Untersuchungen einer Randbedingung bei Wurzelraumanlagen (1990) Lüken, Bernd O.	25,-- €
Band 7:	Anforderungen an die Regenwasserbehandlung bei Mischwasserkanalisation (1991) 4. Kasseler Siedlungswasserwirtschaftliches Symposium	vergriffen
Band 8:	Messen und Regeln in der Abwassertechnik Planung – Ausführung – Betrieb (1992) 5. Kasseler Siedlungswasserwirtschaftliches Symposium	25,-- €
Band 9:	Wachstum und Abtrag der Sielhaut in Mischwasserkanälen (Ende 1992) Reiff, H.	vergriffen

Band 10:	Wirkungen stoßartiger Belastungen auf ausgewählte - Fließgewässerorganismen – Ein Beitrag zur Beurteilung ökologischer Schäden durch Niederschlagswassereinleitungen aus Kanalisationen (1992) Borchardt, D.	25,-- €
Band 11:	Ökologische Gewässersanierung im Spannungsfeld zwischen Natur und Kultur (1993) 6. Kasseler Siedlungswasserwirtschaftliches Symposium	25,--€
Band 12:	Großtechnische Untersuchungen zur vorgeschalteten und kaskadenförmigen Denitrifikation im Vergleich zur Bemessung nach A 131 und zum Einfluss der Kalk-Phosphat-Fällung auf den Schlamm (1995) Bendzuck, Chr.	25,-- €
Band 13:	Thermische Klärschlammbehandlung – Planung, Technologie und Erfahrungen – (1994) 7. Kasseler Siedlungswasserwirtschaftliches Symposium	25,-- €
Band 14:	Vergleichende Untersuchungen zur erhöhten biologischen Phosphorelimination (1995)	25,-- €
Band 15:	Beitrag zur Planung und Bemessung der Stickstoffelimination bei Tropfkörperanlagen (1996) Mehlhart, G.	25,-- €
Band 16:	Ökologische und technische Hinweise zur Abwasser und Klärschlammbehandlung bei knappen Kassen (1996) 8. Kasseler Siedlungswasserwirtschaftliches Symposium	25,-- €
Band 17:	Untersuchungen zur Abhängigkeit der erhöhten biologischen Phosphatelimination von Temperatur und Substratversorgung (1997) Bendzuck, Chr.	25,-- €
Band 18:	Abwasserbehandlung, Gewässerschutz und Wasserwirtschaft an der Schwelle zum 21. Jahrhundert (1997) 9. Kasseler Siedlungswasserwirtschaftliches Symposium	25,-- €
Band 19:	Einfluss von Mischwassereinleitungen auf den Stoffhaushalt und die Biozönose kleiner Fließgewässer im ländlichen Raum (1998) Fischer, J.	vergriffen

Band 20: Integrierte Planung von Anlagen zur Niederschlagswasserbehandlung mit Hilfe von Simulationsmodellen – Lösungsansätze und Handlungsanleitungen (2002) 25,-- €
Mang, J.

Band 21: Weitergehende Mischwasserbehandlung in Bodenfilterbecken (2002) 25,-- €
Born, W.

Die Bände 1 bis 21 sind, soweit nicht vergriffen, zu beziehen über

Verein zur Förderung des Fachgebietes Siedlungswasserwirtschaft e.V. der Universität Kassel
Kurt-Wolters-Str. 3, 34125 Kassel
Tel. 0561/804-2869
www.uni-kassel.de/fb14/siwawi

Ab Band 22 erfolgt der Vertrieb über

kassel university press GmbH
Diagonale 10, 34127 Kassel
https://kup.uni-kassel.de

Band 22: Ein exemplarischer Ansatz zur Einbindung neuer Bemessungswege und neuer Reinigungstechnologien bei der Ertüchtigung von Kläranlagen (2003) 25,-- €
Schier, W.
ISBN 3-89958-039-7

Band 23: Membranfiltration in Hessen – Teil 1 (2005) 25,-- €
ISBN 3-89958-040-0

Band 24: Membranfiltration in Hessen – Teil 2, Zusammenfassung und Ausblick (2008) 25,-- €
print: ISBN 978-3-89958-158-4
ebook: ISBN 978-3-89958-478-3

Band 25: Bau eines einfachen Membranfiltrationsgerätes (Prototyp) zur Aufbereitung von Trinkwasser aus Oberflächenwasser für kleine Personengruppen in Notsituationen ohne Fremdenergie (2009) 30,-- €
print: ISBN 978-3-89958-159-1
ebook: ISBN 978-3-89958-484-4

Band 26: Foulingverhalten des Membranbelebungsverfahrens und Auswirkungen auf die Leistungsfähigkeit (2005) -,-- €
Wett, M.
ISBN 3-89958-160-1
Die Printausgabe ist vergriffen.
Dieser Band ist nur noch elektronisch verfügbar.

Band 27: Forschung für die Praxis am Fachgebiet Siedlungswasserwirtschaft (2005) — 25,-- €
10. Kasseler Siedlungswasserwirtschaftliches Symposium
ISBN 3-89958-161-X

Band 28: Untersuchungen zur Sulfidbildung und zur Effizienz der Geruchsminimierung durch Zugabe von Additiven in Abwasserkanalisationen (2008) — 30,-- €
Frey, M.
ISBN 978-3-89958-453-0

Band 29: Retentionsbodenfilter in Hessen (2009) — 30,-- €
print: ISBN 978-3-89958-604-2
ebook: ISBN 978-3-89958-605-3

Band 30: Hygienisierung von Mischwasser in Retentionsbodenfiltern (2008) — 30,-- €
Waldhoff, A.
print: ISBN 978-3-89958-606-0
ebook: ISBN 978-3-89958-607-7

Band 31: Odour and VOCs: Measurement, Regulation and Control (2009) — 35,-- €
print: ISBN 978-3-89958-608-4
ebook: ISBN 978-3-89958-609-1

Band 32: Biofilter als Bestandteil kombinierter Abluftbehandlungsverfahren in der Abwasserwirtschaft (2011) — 30,-- €
Franke, W.
print: ISBN 978-3-86219-170-3
ebook: ISBN 978-3-86219-171-0

Band 33: Phosphorrückhalt in der Mischwasserbehandlung durch Retentionsbodenfilter-Anlagen (2013) — 30,-- €
Felmeden, J.
print: ISBN 978-3-86219-610-7
ebook: ISBN 978-3-86219-611-4

Band 34: Optimierung der mechanischen Vorreinigungsstufe kommunaler Abwasserbehandlungsanlagen (2013) — 35,-- €
print: ISBN 978-3-86219-664-7
ebook: ISBN 978-3-86219-665-4

Band 35: Retentionsbodenfilter in Hessen – Ergänzungsuntersuchungen zum Phosphor- und Schwermetallrückhalt (2013) — 35,-- €
print: ISBN 978-3-86219-666-1
ebook: ISBN 978-3-86219-667-8

Band 36: Reaktionen in Leichtflüssigkeitsabscheidern bei Zufluss von Bioethanol- und Ethyltertiärbutylether-Benzin-Gemischen (2013) — 35,-- €
Brügging, E.
print: ISBN 978-3-86219-738-5
ebook: ISBN 978-3-86219-739-2

Band 37: Chemische Reinigung von getauchten Niederdruck-Hohlfasermembranen auf großtechnischen kommunalen MBR-Anlagen (2015) — 35,-- €
Drensla, K.
print: ISBN 978-3-7376-0038-5
ebook: ISBN 978-3-7376-0039-2

Band 38: Erprobung und Optimierung eines einfachen Membranfiltrationsgerätes zur Aufbereitung von trinkbarem Wasser aus Oberflächengewässern für kleine Personengruppen in Notsituationen ohne Fremdenergie (3. Phase) mit dem Ziel der Serienreife (2016) — 40,-- €
print: ISBN 978-3-7376-0112-2
ebook: ISBN 978-3-7376-0113-9

Band 39: Leistungsfähigkeit der Ultra-Low-Pressure-Ultrafiltration (ULPUF) zur dezentralen Wasseraufbereitung in Not- und Katastrophenfällen (2016) — 40,-- €
Exler, H.
print: ISBN 978-3-7376-0106-1
ebook: ISBN 978-3-7376-0107-8
URN http://nbn-resolving.de/urn:nbn:de:0002-401077

Band 40: Flood-related health risk assessment: a case study in Hoi An City, Quang Nam province, Vietnam (2017) — 35,-- €
Trinh, T.G.C.
print: ISBN 978-3-7376-0364-5
ebook: ISBN 978-3-7376-0365-2
URN http://nbn-resolving.de/urn:nbn:de:0002-403654

Band 41: Small-scale water supply system (SSS) for remote and rural areas in developing countries (2018) — 40,-- €
Andrade, J.A.O.
print: ISBN 978-3-7376-0550-2
ebook: ISBN 978-3-7376-0551-9
URN http://nbn-resolving.de/urn:nbn:de:0002-405511

Alle Preise brutto incl. Ust, zzgl. Porto

Band 42: Development of a Decentralized Drinking Water Treatment Plant Based on Membrane Technology for Rural Areas in Vietnam (2018) — 40,-- €
Dao, T.N.
print: ISBN 978-3-7376-0516-8
ebook: ISBN 978-3-7376-0517-5
URN http://nbn-resolving.de/urn:nbn:de:0002-405176

Band 43: Auswertung von Betriebsergebnissen und Erfahrungen zur weitestgehenden Phosphorelimination (2021) — 40,--€
print: ISBN 978-3-7376-0957-9
DOI: https://doi.org/doi:10.17170/kobra-202105203942

Alle Preise brutto incl. Ust, zzgl. Porto

FSC
www.fsc.org
MIX
Papier | Fördert gute Waldnutzung
FSC® C083411

Kolibri 360 GmbH
Ferdinand-Jühlke-Straße 7
99095 Erfurt, Deutschland
produktsicherheit@kolibri360.de